U0237092

教育部高等学校电子信息类专业教学指导委员会规划教材
高等学校电子信息类专业系列教材

工业互联网架构下的
智慧照明

王敏 主编

赵志刚 张聪玲 宋立红 崔军 田磊 编著

清華大學出版社
北京

内 容 简 介

本书介绍了工业互联网环境下智慧照明的实现方法和案例,系统性地介绍了基于国产芯片的智慧照明终端的软硬件设计方法、综合控制器和远程控制的前端和后端逻辑的设计方法。全书共分为6章,第1章介绍了工业互联网2.0架构和基于端、边、云协同的智慧照明体系架构及智慧照明技术现状;第2章介绍了智慧照明平台终端硬件设计,包括传感器模块、本地控制板、本地总控板和局域网网关等4种模块的设计方法,详细介绍了设计思路、方法,并给出了各个模块的原理图;第3章介绍了智慧照明平台终端软件设计,包括传感器、本地控制板、本地总控板和局域网网关等4种模块的功能软件设计方法,详细介绍了设计思路、方法,并给出了各个模块的关键代码;第4章介绍了综合控制器功能实现的方法和步骤,其中包含了主控制器通信角色配置方法;第5章介绍了智慧照明云平台的设计,介绍了云平台架构设计、前端和后端设计及云平台的使用方法;第6章详细介绍了基于本平台的实验,包含GD32入门实验、大功率LED控制实验、基于网络的LED单灯控制实验和综合性实验。

为便于读者高效学习,快速掌握工业互联网环境下智慧照明的实现方法,作者精心制作了电子书、完整的教学课件、完整的源代码、丰富的配套视频教程及在线答疑等内容。

本书适合作为广大高校光源与照明专业、物联网专业、计算机专业的智慧照明课程、物联网技术课程及工业互联网技术课程的教材,也可以作为相关专业和相关技术实现的自学参考用书。

图书在版编目(CIP)数据

工业互联网架构下的智慧照明/王敏主编;赵志刚等编著.—北京:清华大学出版社,2024.3
高等学校电子信息类专业系列教材
ISBN 978-7-302-65713-2

Ⅰ.①工… Ⅱ.①王… ②赵… Ⅲ.①智能控制-照明技术-高等学校-教材 Ⅳ.①TU113.6

中国国家版本馆 CIP 数据核字(2024)第 045287 号

责任编辑:赵 凯
封面设计:李召霞
责任校对:韩天竹
责任印制:杨 艳

出版发行:清华大学出版社
　　　网　　　址:https://www.tup.com.cn,https://www.wqxuetang.com
　　　地　　　址:北京清华大学学研大厦 A 座　　　邮　　编:100084
　　　社 总 机:010-83470000　　　　　　　　　邮　　购:010-62786544
　　　投稿与读者服务:010-62776969,c-service@tup.tsinghua.edu.cn
　　　质量反馈:010-62772015,zhiliang@tup.tsinghua.edu.cn
　　　课件下载:https://www.tup.com.cn,010-83470236
印 装 者:三河市少明印务有限公司
经　　销:全国新华书店
开　　本:185mm×260mm　　印　张:10　　　　字　　数:247千字
版　　次:2024 年 3 月第 1 版　　　　　　　　印　　次:2024 年 3 月第 1 次印刷
印　　数:1~1500
定　　价:69.00 元

产品编号:102997-01

前 言
PREFACE

以新一代信息技术为驱动的数字浪潮正深刻地重塑经济社会的各个领域,工业互联网环境下的云、边、端一体化是实现数字化转型、异构基础设施资源管理的关键路径。在这一背景下,本书介绍了工业互联网环境下智慧照明的设计方法,为实现绿色照明、智慧控制提供方案。本书涉及的所有处理器均采用北京兆易创新公司的 32 位处理器。本书系统地介绍了基于国产芯片的智慧照明终端的软硬件设计方法。本书以工业互联网环境下的智慧照明系统为研究对象,供读者学习和研究基于云、边、端架构的智慧照明实现方法,以及关于智慧照明的控制设计和国产处理器开发的问题,使读者可以掌握智慧照明的云平台建设,包括前端界面和后端逻辑的实现、综合控制器的设计与配置以及物联网组网、不同协议转换的网关概念及其软硬的设计与实现方法。本书从教研开发和培训入手,以设计方法论述为主导,进行技术路线、设计思路的描述,循序渐进、由浅入深地介绍工业互联网环境下的智慧照明云平台设计,边设备、端设备的软件和硬件设计,包括基于 C 语言的国产处理器的智能硬件的软件编程,以及基于 VUE 框架的 JavaScript 的前端实现和基于 Python 的后端逻辑开发。

本书内容共分为 6 章,分别为工业互联网 2.0 架构下的智慧照明、智慧照明平台终端硬件设计、智慧照明平台终端软件设计、综合控制器的设计、智慧照明云平台设计和基于本平台的智慧照明实验。

第 1 章介绍工业互联网 2.0 架构下的智慧照明。本章共分为 3 节,首先介绍了工业互联网架构概念的发展,1.0 版本和 2.0 版本的发展与区别;然后介绍了工业互联网 2.0 架构下的照明智能终端和基于端、边、云协同的智慧照明及当前智慧照明技术现状。

第 2 章介绍智慧照明平台终端的硬件设计。本章共包含 6 节,首先介绍了硬件体系架构、国产嵌入式处理器 GD32;然后介绍了传感器、本地控制板、本地总控板和局域网网关的硬件设计,给出了硬件选型方法和硬件原理图。

第 3 章介绍智慧照明平台终端的软件设计。本章包含 5 节,首先介绍了开发软件 Keil 5,包括其安装方法、使用流程和常见问题排查,还介绍了下载器的安装与配置方法;然后分别介绍了传感器、本地控制器、本地总控器和局域网网关的软件设计方法,给出了设计思路、流程图和关键代码。

第 4 章介绍综合控制器的设计。本章共包含 6 节,首先介绍了本平台的局域网网关、综合控制器的功能和配置方法;然后介绍了实验箱主控制器 WiFi 通信角色的配置和 PC 采用以太网通过综合控制器控制各个实验箱中大功率 LED 的方法和步骤;最后介绍了将 Python 程序移植到综合控制器中的方法。

第 5 章介绍智慧照明云平台的设计。本章共分为 4 节,分别介绍了智慧照明云平台架构；服务器及后端模块设计，包括服务器购买和配置方法以及程序开发流程；服务器前端的 Web 设计，包括登录界面设计、Web 首页设计与效果图；对实验箱多个大功率 LED 灯的集中控制和单个控制的实现方法和流程。

第 6 章介绍基于本平台的智慧照明实验。实验根据内容的逻辑性由浅入深地进行设计，包含基础性实验、设计性实验和综合性实验。基础性实验主要包含 GD32 入门实验、大功率 LED 灯控制实验；设计性实验主要包含基于网络的 LED 单灯控制实验；综合性实验包含本地多网络融合实验和云平台控制实验。

本书由天津工业大学王敏主编，由深圳技术大学赵志刚、中国民航大学张聪玲和宋立红、天津工业大学崔军和田磊共同编著。王敏老师进行了全书的规划和实验设计；赵志刚老师编写和修改了第 2 章、第 3 章和第 6 章；张聪玲老师和宋立红老师编写和修改了第 1 章、第 4 章和第 5 章；崔军老师编写了第 1 章、第 4 章的初稿；田磊老师编写了第 3 章和第 6 章的初稿，并指导学生进行了实验验证。全书由王敏老师统稿。

在本书的编写、实验验证、实验优化过程中，张雅静、王子旭、王洋和陈华奎给予了极大的帮助，在此表示感谢。

本书适用于光源与照明、物联网、工业互联网、电子类等专业的本科生作为智慧照明、物联网技术、嵌入式开发等课程的实验教材，也可以作为本科生和研究生参加相关专业设计大赛的参考资料，例如各类电子设计大赛、光源与照明类设计大赛、物联网大赛、新工科大赛等。

编　者
2024 年 3 月

目 录
CONTENTS

第1章
CHAPTER 1

工业互联网 2.0 架构下的智慧照明

当前全球经济、社会发展正面临全新挑战与机遇，一方面，上一轮科技革命的传统动能规律性减弱趋势明显，导致经济增长的内生动力不足；另一方面，以互联网、大数据、人工智能为代表的新一代信息技术发展日新月异，加速向实体经济领域渗透融合，深刻改变了各行业的发展理念、生产工具与生产方式，带来生产力的又一次飞跃。在新一代信息技术与制造技术深度融合的背景下，在工业数字化、网络化、智能化转型需求的带动下，以泛在互联、全面感知、智能优化、安全稳固为特征的工业互联网应运而生。

工业互联网作为全新工业生态、关键基础设施和新型应用模式，通过人、机、物的全面互联，实现全要素、全产业链、全价值链的全面连接，正在全球范围内不断颠覆传统制造模式、生产组织方式和产业形态，推动传统产业加快转型升级、新兴产业加速发展壮大。工业互联网是实体经济数字化转型的关键支撑。工业互联网通过与工业、能源、交通、农业等各实体经济领域的融合，为实体经济提供了网络连接和计算处理平台等新型通用基础设施支撑；促进了各类资源要素优化和产业链协同，帮助各实体行业创新研发模式、优化生产流程；推动了传统工业制造体系和服务体系再造，带动共享经济、平台经济、大数据分析等以更快速度，在更大范围、更深层次拓展，加速了实体经济的数字化转型进程。

工业互联网体系架构 2.0 作为一套数字化转型的系统方法论，对垂直行业的工业互联网应用推广和实施落地具有较好的引领和指导作用。各垂直行业企业在开展工业互联网建设应用过程中，可遵循"业务目标—功能要素—实施方式—技术支撑"的主线，结合自身数字化基础、转型升级需求和行业整体发展阶段，探索重点应用场景的实施部署架构，通过多类应用场景实施提炼，打造行业共性建设路径，形成该行业的工业互联网应用指南和数字化转型方法论。

工业互联网的核心是数据驱动的智能分析与决策优化，数据是核心要素，依靠大样本进行复杂关系的分析或推理。工业互联网数据主要有两个流向：自下而上的信息流和自上而下的控制流。工业互联网从网络视角看主要有两大层：现场物联网层和上层互联网层，上层互联网层仍然使用最初基于 Internet 的公网，并没有搭建专用设施，广域网依然是通过以太网协议、4G 和 5G 协议传递信息，所以在实时性、丢包率上由于现场物联网层的电气特性、互联网的数据调度策略、尽力交付特性的存在，在控制数据方面还有待提高。

智能终端是一类嵌入式计算机系统设备，具有一定的处理能力，一般配置有传感器、处理器，支持一到两种通信协议，能独立工作，实现信息采集、数据计算、逻辑分析及控制功能，可以接收下传的指令并做出相应的动作,同时也可以将采集的信息或处理的结果上传到远端。智能电表、智能空调控制器等都是典型的智能终端。

1.1　工业互联网2.0架构

工业互联网是实现第四次工业革命的重要基石。工业互联网为第四次工业革命提供了具体实现方式和推进抓手,通过人、机、物的全面互联,全要素、全产业链、全价值链的全面连接,对各类数据进行采集、传输、分析并形成智能反馈,正在推动形成全新的生产制造和服务体系,优化资源要素配置效率,充分发挥制造装备、工艺和材料的潜能,提高企业生产效率,创造差异化的产品并提供增值服务,加速推进第四次工业革命。工业互联网对我国的经济发展有着重要意义。一是化解综合成本上升、产业向外转移风险。通过部署工业互联网,能够帮助企业减少用工量,促进制造资源配置和使用效率提升,降低企业生产运营成本,增强企业的竞争力。二是推动产业高端化发展。加快工业互联网应用推广,有助于推动工业生产制造服务体系的智能化升级、产业链延伸和价值链拓展,进而带动产业向高端迈进。三是推进创新创业。工业互联网的蓬勃发展,催生出网络化协同、规模化定制、服务化延伸等新模式新业态,推动先进制造业和现代服务业深度融合,促进一二三产业、大中小企业开放融通发展,在提升我国制造企业全球产业生态能力的同时,打造新的增长点。

面向第四次工业革命与新一轮数字化浪潮,全球领先国家无不将制造业数字化作为强化本国未来产业竞争力的战略方向。主要国家在推进制造业数字化的过程中,不约而同地把参考架构设计作为重要抓手,如德国推出工业4.0参考架构RAMI4.0、美国推出工业互联网参考架构IIRA、日本推出工业价值链参考架构IVRA,其核心目的是以参考架构来凝聚产业共识与各方力量,指导技术创新和产品解决方案研发,引导制造企业开展应用探索与实践,并组织标准体系建设与标准制定,从而推动一个创新型领域从概念走向落地。

我国为推进工业互联网发展,由中国工业互联网产业联盟于2016年8月发布了《工业互联网体系架构(版本1.0)》(以下简称"体系架构1.0"),如图1-1所示。体系架构1.0提出了工业互联网网络、数据、安全三大体系,其中,"网络"是工业数据传输交换和工业互联网发展的支撑基础,"数据"是工业智能化的核心驱动,"安全"是网络与数据在工业中应用的重要保障。基于三大体系,工业互联网重点构建三大优化闭环,即面向机器设备运行优化的闭环,面向生产运营决策优化的闭环,以及面向企业协同、用户交互与产品服务优化的全产业链、全价值链的闭环,并进一步形成智能化生产、网络化协同、个性化定制、服务化延伸等四大应用模式。

体系架构1.0发布七年多以来,工业互联网的概念与内涵已获得各界广泛认同,其发展也正由理念与技术验证走向规模化应用推广。在这一背景下,工业互联网产业联盟在工业和信息化部的指导下,凝聚产业界共识,研究制定了《工业互联网体系架构(版本2.0)》(以下简称"体系架构2.0"),特别强化了它在技术解决方案开发与行业应用推广的实操指导性,以更好地支撑我国工业互联网下一阶段的发展。

工业互联网体系架构2.0包括业务视图、功能架构、实施框架三大板块,形成以商业目标和业务需求为牵引,进而明确系统功能定义与实施部署方式的设计思路,自上而下层层细化和深入,如图1-2所示。

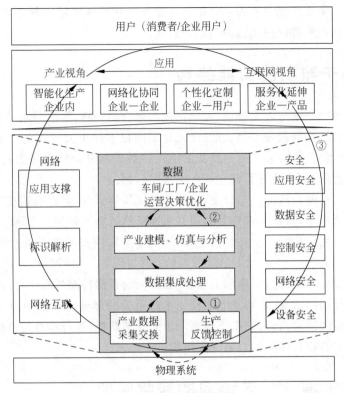

图 1-1　工业互联网体系架构 1.0

业务视图明确了企业应用工业互联网实现数字化转型的目标、方向、业务场景及相应的数字化能力。业务视图首先提出了工业互联网驱动的产业数字化转型的总体目标和方向，以及在这一趋势下企业应用工业互联网构建数字化竞争力的愿景、路径和举措。在企业内部将会进一步细化为若干具体业务的数字化转型策略，以及企业实现数字化转型所需的一系列关键能力。业务视图主要用于指导企业在商业层面明确工业互联网的定位和作用，提出的业务需求和数字化能力需求对于后续的功能架构设计有重要的指引作用。

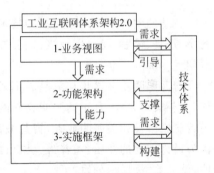

图 1-2　工业互联网体系架构 2.0

功能架构明确了企业支撑业务实现所需的核心功能、基本原理和关键要素。功能架构首先提出了以数据驱动的工业互联网功能原理总体视图，形成物理实体与数字空间的全面联接、精准映射与协同优化，并明确这一机理作用于从设备到产业等各层级、覆盖制造、医疗等多行业领域的智能分析与决策优化。进而细化分解为网络、平台、安全三大体系的子功能视图，描述构建三大体系所需的功能要素与关系。功能架构主要用于指导企业构建工业互联网的支撑能力与核心功能，并为后续工业互联网实施框架的制定提供参考。

实施框架描述了各项功能在企业落地实施的层级结构、软硬件系统和部署方式。实施框架结合当前制造系统与未来发展趋势，提出了由设备层、边缘层、企业层、产业层四层组成的实施框架层级划分，明确了各层级的网络、标识、平台、安全的系统架构、部署方式及不同系统之间的关系。实施框架主要为企业提供工业互联网具体落地的统筹规划与建设方案，进一步可用于指导企业进行技术选型与系统搭建。

1.2　基于照明的智能终端

智慧照明是照明技术与人工智能、互联网技术融合的产物，智慧照明可根据现场环境因素和设定阈值实现灯光的调光调色功能，通过物联网技术搜集大量现场环境数据和用户喜好，设定阈值等数据后，作为人工智能算法的输入参数训练符合特定场景的模型，后续通过互联网采集的环境信息，作为智慧调光调色的实时数据。

智慧照明作为工业领域的一个分支，它的智慧决策容错度、数据容错度和数据实时性均比工业现场设备低很多，所以可以作为工业互联网赋能工业产业的一个示教案例，作为工业互联网实现工业应用落地的一个先行行业，作为工业互联网技术在垂直行业的一个应用实例，而大力地推广和实现。

智慧照明终端处在端、边、云中端的位置，在照明的智能控制过程中，一般用于实现环境信息收集和本地控制的功能，是智慧照明控制中最重要的部分。本书中照明的智能终端主要指用于学生实验的实验箱，包括用于信息采集的传感器板、进行本地控制的中板及既作为本地网关又作为实验箱总控板的大板三层结构。

1.3　基于端、边、云协同的智慧照明

智慧照明产品涉及相当多的技术与领域，仅靠照明企业是不能够独自完成的，必须要与光源、灯具、控制系统、用户接口、云技术等各领域的企业共同合作，才能成就有意义的智慧照明。

智慧照明正在逐步从单品转向整体智慧照明解决方案，并且通过跨领域、跨技术的合作，互补长短，搭建真正的照明物联网。随着上市公司、跨国公司、通信及互联网巨头争相涉足智慧城市及相关照明业务，智慧城市生态圈正逐步构建。照明在当中虽然并非主角，但是作为最为重要的介质，随着智慧城市的成熟，将迎来新一轮的产业升级。真正智慧照明的落地，就只差"最后一公里"了。

近年来，随着无人驾驶技术的成熟与应用，智慧照明灯杆开始向着智慧灯杆发展，灯杆不再仅仅是灯的物理载体和灯控制信息的传输载体，它还承载了更多的智慧城市的信息，为无人驾驶提供更多的位置信息，同时还起到智能网关的功能，采集无人驾驶汽车的信息发送给灯杆的网关，网关进行处理后发送信息给边缘服务器，然后根据任务需要的算力、实时性、准确性等服务质量参数决定是否需要将任务卸载到云服务器，从而形成本地控制器作为端，区域服务器作为边，而云服务器作为云的端、边、云系统结构。

1.3.1　体系架构

本书以基于云平台的智慧照明系统为蓝本进行编写。该系统主要由边缘服务器平台、基于 Web 和 App 的应用程序、智能物联网网关和现场智慧照明模块组成，实现本地、局域网、广域网的智能和智慧照明功能，实现数字灯具的调色调光功能。在本书中，本地的范围

为一个实验室,多个实验箱通过综合控制器路由器(又兼网关的功能)连接到实验室外的局域网,多个实验室通过交换机连接到边缘服务器,然后与云服务器相连,如图1-3所示。

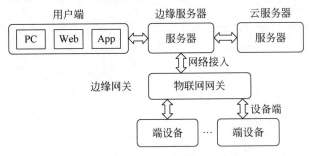

图 1-3　基于云平台的智慧照明体系结构

为满足智慧照明实时性和低功耗的需求,降低网络和信息传输的资源消耗,端与边缘服务器协同开展数据采集、分析与决策。端设备基于传感器收集周边环境数据,通过边缘服务器的数据分析模型实时对现场环境数据进行分析并形成光照、颜色等决策信息。端设备具有独立性,既可以独立实现灯具的智能控制、人工控制,也可以接收云端的控制流实现灯具照度和颜色的智慧控制。

图1-3中的端设备即现场智慧照明,它又分为三层(如图1-4所示):传感器层、现场控制器和总控器。采用模块化设计思想,对每层进行了抽象和规划,并提供了统一的硬件接口和软件应用程序接口(API),所以每层都可以无限扩展和兼容,即可以扩展所需的传感器和通信协议。

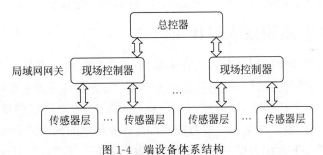

图 1-4　端设备体系结构

传感器层支持多种类扩展,用于实现现场信息数据收集,并对数据进行初步的处理后发送给现场控制器,同时可以接收现场控制器的参数设置。

现场控制器主要用于接收传感器的数据,做出调光调色的智能决策,同时将传感器信息和决策信息上报总控器,所以每一个现场控制器又是一个端控制器,每一个现场控制器支持一种物联网协议,包括有线和无线,支持的有线协议有RS485、PLC、DALI和DMX512;支持的无线协议有WiFi、蓝牙、Lora和ZigBee;其中,DALI和DMX512是照明专用的两种协议。本智慧照明平台支持现有协议的无限扩展。

总控器用于采集各个现场控制器的信息,融合各现场控制器的信息,对数字灯具进行智能调光调色。总控器另一个作用是作为现场控制器的协议转换网关,实现该平台支持的所有协议的转换,将不同协议模块的信息采集到该网关,实现网络融合,该网关简称为现场网关,如图1-5、图1-6所示。

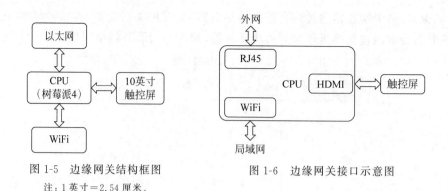

图 1-5　边缘网关结构框图　　　图 1-6　边缘网关接口示意图
注：1 英寸＝2.54 厘米。

当总控器布置到智慧灯杆上时，可分两种情况进行工作，第一种是在正常天气情况下，采集自然照度信息，依据道路路灯建设数据（灯杆间距、灯杆高度、光源规格参数）和国家道路照明设计标准，总控器直接处理传感器信息，本地计算 LED 灯的照度，并控制 LED 灯的照度，即实现本地化管理。第二种是在雨天、雪天等特殊天气环境下，由于雨水和雪的覆盖，照度传感器采集的自然光的照度是不准确的，所以需要根据非正常天气的建模与算法模型，通过多参数的数据逻辑运算与分析后得出某一区域路灯在某一时间段的合理照度，以满足城市主干道按需照明的智能化动态控制要求，因为总控器的算力和存储空间的局限性，需要将天气信息和采集的自然照度信息发送给边缘服务器或云服务器进行计算，然后将 LED 灯的照度信息发送给总控器，总控器再给 LED 灯发出控制信号，从而实现路灯的智能控制。

边缘网关实现了端设备与外网的链接，对于外网，每一个实验箱有一个 ID 号。

1.3.2　智慧照明技术现状

一直没有权威机构给出智能与智慧的区别，业界比较认可的看法是，在工业领域，智慧包含智能，智能是一种能力的体现，而智慧是大数据、深度学习后的思想的体现。边缘设备一般实现的是智能层面的功能，即通过传感器采集的数据、程序设定的阈值、多信息融合后经过简单运算与处理，做出决策。而智慧需要训练行业领域的预测或分类模型，边缘设备将采集的信息传递到云平台作为模型的测试集，再做出决策。智能设备只能对数据进行采集、处理，但智慧设备要做的是通过这些智能设备采集的数据进行汇总、分析，结合独特的逻辑处理方式给出合适的解决方案，使组成部分能高效、有机地联动，其可被大致分为四层：第一层是智能设备，第二层是操作运行这些智能设备的程序，第三层是存储的大数据，第四层通过大数据分析、深度学习建模和训练，得出最适合用户的解决方案。

中国智慧照明市场还未完全成熟，智慧照明的应用领域还主要集中在商务领域和公共设施领域，酒店、会展场馆、市政工程、道路交通领域对智慧照明的采纳使用较多；此外，办公建筑和高端别墅项目也有采用智慧照明。随着国内智慧照明研发生产技术的发展和产品推广力度的加大，家居领域的智慧照明应用有望得以普及。

1. 建筑物内的智慧照明的需求

在酒店、会展场馆、办公建筑和高端别墅等场所，对智慧照明的安全、节能、舒适、高效、操作简单化、智能化是常见需求，应让智慧系统变成易用、容易安装、人人都会设置及操作的控制系统，而且必须与现有的智能设备终端无缝接轨，操作的复杂化会将很多潜在用户拦在门外。智能手机计算能力的提升、App和小程序可使得智慧照明普及化、操作简单化,特别对于家用智慧照明和粗区分度的场馆照明,智能手机发挥了重要作用,让一般人都可以享受到科技的便捷。从这个角度看,智能手机的影响力不亚于工业计算机。

2. 城市道路智慧照明要求功能集成化

城市道路智慧照明系统作为智慧城市的核心子系统,可运用无线 ZigBee、WiFi、GPRS等多种物联网和 IT 技术,实现远程单灯开关、调光、检测等管控功能,开辟城市道路智慧照明"管理节能"的新篇章。这类系统一般整合路灯、隧道灯、景观灯、商业照明、学校机关照明等照明系统,用一个统一的平台来进行管理。最好设计成开放的系统,预留多种接入方式,为进一步打造成智慧城市"云"系统做好基础设施的准备。

城市道路智慧照明系统的基本功能有控制路灯开关、亮度调节、电流电压采集、被盗报警等,并预留温度采集、灯杆倾斜检测等功能。路灯管理器分为模块式(内置灯具中)和外挂式(内置灯杆中),可分别满足路灯企业和工程企业的使用需求。

智慧照明网关是实现路灯单灯监控的重要硬件设备,它使用 ZigBee 无线技术和灯控器通信,与系统中心的通信可以使用 GPRS/CDMA、以太网、WiFi 网络或 ADSL modem 等,它们一般安装在户外路灯控制箱内。

智慧照明网关内置多种功能,包括:时序调度功能、报警功能、类型转换功能、内部实时时钟等。一般情况下,一个网关可以管理 300 个左右的灯控器。可以通过网关接入的产品有控制箱管理器、灯控器、光感检测器、电缆防盗器、雨雪传感器等。

目前我国的城市道路智慧照明管理信息化程度还较低,本书配套的基于物联网和云计算的智慧照明系统管理软件可为路灯管理部门的信息化建设提供一套全面的解决思路和方案。

国内现在比较成熟的几个城市道路智慧照明项目的常规功能包括:

(1) 根据天气自动调光,分为晴天、阴天、重阴天、雨天多种自动运行模式;

(2) 可实现按时间自动调光;

(3) 支持故障报警及预报警;

(4) 支持每条道路节能统计分析;

(5) 支持消防联动,遇到应急状况,灯具全部点亮。

城市道路智慧照明项目的附加功能如下。

(1) 路灯自动巡检:监控中心能对安装了路灯监控器的路灯进行自动巡检,查报故障并自动生成报修单;

(2) 路灯查控:能实时对安装了路灯监控器的路灯进行开、关、调节亮度等功能,或预设控制方案,使路灯按照预设方案进行亮灯;

(3) 设备管理:对灯杆、灯具、电线、控制箱、变压器、电表、开关、监控器等路灯设备实现计算机信息化管理,具有设备安装、报废、维修、更换、出入库等功能;

(4) 多媒体功能:具有图片库管理功能、视频管理功能,使管理更直观化、形象化和亲和化;

(5) GIS 地理信息系统:具有显示地形、设施空间、行政区划、街区、道路、建筑物、水系、管沟、路灯线路、控制线路、敷设情况等功能;

(6) 辅助分析模块:具有统计、报表、分析、查询、负荷计算、实时读表、用电分析、电缆长度计算等功能；

（7）Web 信息发布模块：具有与网站实现无缝对接，进行远程管理的功能；

（8）无线热点覆盖系统：WiFi 热点覆盖；

（9）气象环境监测系统：空气质量监测、温湿度监测、噪声监测；

（10）摄像头安防监控系统：拥堵信息指示、路边停车计费、动态监控；

（11）LED 广告屏发布系统：支持文字、图片、视频发布；

（12）广播系统：背景音乐、区域定向广播；

（13）SOS 一键报警系统：应急求助；

（14）智慧充电桩系统：新能源汽车充电，刷卡/扫码付费；

（15）其他扩展功能：智慧除霾、智慧降温、智慧浇灌系统。

## 第 2 章

智慧照明平台终端硬件设计

智慧照明平台终端主要实现数据采集、协议转换、边缘处理等功能,构建了工业互联网平台的数据基础。本智慧照明平台终端硬件包括三大部分:传感器层、本地控制层和主控制层。每个实验箱包含一个主控制板实现对本实验箱的控制。综合控制器同时起到路由的作用,综合控制器通过以太网与交换机或个人计算机(PC)连接,通过 WiFi 与各实验箱的主控制器进行通信,主控制器与实验箱内不同协议的中控制器进行通信。中控制器上的大功率 LED 灯有三种控制方式:可以通过传感器采集的信息进行智慧控制,可以实现中控制器的本地人工操作控制,也可以接收主控制器的控制信息实现控制。

2.1 硬件体系架构

实验箱包含主板、中控板和传感器板。主板同时具有网关的功能,将综合控制平台的 WiFi 协议转换成 ZigBee、RS485、DMX512 和 DALI 协议,完成各通信模块的通信功能。

综合控制器用于实现多个实验箱的综合控制,包括单控、集控、调光、调色和网关的功能。

工业互联网架构下的智慧照明开发平台如第 1 章图 1-3～图 1-5 所示,主要包含云平台、App、本地 PC、网关和边缘设备。硬件设计主要包含边缘设备和网关设备。边缘设备即智慧照明实验箱,又分为传感器层、本地控制层和边缘控制层。网关设备主要实现采集边缘设备的信息上传至云平台。

本章主要讲解边缘控制层,网关设计在第 4 章进行介绍。边缘控制层以嵌入式处理器为核心,设计主控制器、中控制器和传感器,配套有详细的实验讲义和丰富的应用实例,可以直接用于相关产品的科研开发和培训教学。为了方便大家学习,并且能够循序渐进、由浅入深、全面地提高程序设计能力和更好地掌握嵌入式处理器的开发,采用了模块独立设计思想,它非常灵活,给学习者提供充分发挥想象的空间。各模块之间用杜邦线、排线等连接组合。

本开发平台包括主控制器、中控制器和传感器三大类模块。开发平台实物图如图 2-1 所示。

1. 主控制器

主控制器又称为本地总控板,具有 3 个作用:①作为主板的中央控制器,对键盘、数码

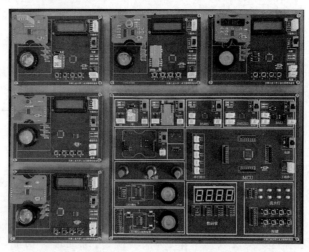

图 2-1　开发平台实物图

管、小功率单色 LED 灯、大功率 RGB LED 灯进行控制；②作为主控单元通过网络对各中控制器进行控制；③作为网关，实现实验箱支持的 5 种协议的识别和互换。

主要组件包括：主控芯片、通信模块（与计算机主机和各种中控制器通信）、LED 灯、数码管、电位器、按键和传感器插座（兼容本实验平台所有传感器）等资源。主控制器能够实现中控制器（使用不同通信协议的中控制器）之间的协议转换，即主控制器又起到边缘网关的作用。主控制器如图 2-2 所示。主控制器硬件及规格如表 2-1 所示。

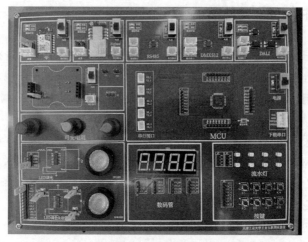

图 2-2　主控制器

表 2-1　主控制器硬件规格

项　　目	描　　述
LED	1 个 1W 白光 LED 灯，1 个 3W RGB LED 灯
处理器	GD32F303RCT6
外设	4 位数码管，8 个 LED 灯，8 个按键，1 个总线扩展，3 个可变电阻
传感器	1 个通用传感器插口，任意插接某一个传感器模块
通信	ZigBee、DMX512、DALI、WiFi、RS485
电源	输入：85～264V（交流），47～63Hz；输出：5V（直流）/6A

2. 中控制器

中控制器又称为本地控制板,共有 5 种,分别是 ZigBee、DMX512、DALI、WiFi 和 RS485。中控制器完美地体现了智能硬件的概念,可配置多种传感器,具有独立的运算能力,不同的网络协议和硬件接口。中控制器采用 GD32F303CET6 作为处理器,可独立工作,也可组网使用,其硬件规格如表 2-2 所示。一般主控制器作为主控单元,发起通信,而中控制器作为服务器角色可以接收主控单元的命令并回传数据,但是中控制器不会自动地主动发起通信,可以通过按键触发发送请求事件。其主要组件包括主控芯片、液晶显示屏、LED 灯和通信模块等。每个中控制器均配置标准传感器接口,可以兼容实验平台提供的所有传感器。中控制器可以独立完成本终端 LED 灯的手动和自动(通过传感器)控制,也可以与主控制器以及其他中控制器组网,实现多种网络相关实验。每个中控制器都配置一个液晶显示屏和多个按键,可以在实验中对控制参数进行配置,实现人机交互。中控制器如图 2-3 所示。

表 2-2 中控制器硬件规格

项 目	描 述
LED	1 个 3W RGB LED 灯
处理器	GD32F303CET6
外设	2 行 16 字符文本 LCD,4 个按键
传感器	1 个通用传感器插口,任意插接某一个传感器模块
通信	ZigBee、DMX512、DALI、WiFi、RS485
电源	输入:DALI 用 15V(直流),其他用 5V(直流)/0.5A

ZigBee控制器

DMX512控制器

DALI控制器

WiFi控制器

RS485控制器

图 2-3 中控制器

3. 传感器

传感器模块是实验平台的信息采集组件,主控制器或中控制器根据传感器终端采集的数据对灯进行智能控制。每个传感器模块主要包括以下组件:主控芯片、传感器、复位键和标准接口,硬件规格如表 2-3 所示。本实验平台可支持照度、声音、人体热释电和红外测距传感器,如图 2-4 所示。

光敏传感器

声音传感器1

声音传感器2

人体热释电传感器

红外测距传感器

图 2-4　传感器

表 2-3　传感器硬件规格

项　目	描　　述
敏感源	光敏二极管、驻极体话筒、人体热释电、红外测距
处理器	GD32F330F6P6TR
电源	输入:5V(直流)/0.5A

2.2　GD32F3 系列嵌入式处理器

北京兆易创新科技股份有限公司成立于 2005 年 4 月,是一家以总部在中国的全球化芯片设计公司。该公司致力于各类存储器、控制器及周边产品的设计研发。公司产品为 NOR Flash、NAND Flash 及微控制器(MCU),广泛应用于手持移动终端、消费类电子产品、个人计算机及周边、网络、电信设齐备、医疗设备、办公设备、汽车电子及工业控制设备各个领域。

兆易创新公司凭借多年来行业领先的设计经验,基于 Arm Cortex-M 内核和 RISC-V 内核,推出多个系列 32 位通用 MCU。该公司不断优化 MCU 的稳定性、功耗等性能,丰富产品的系列,整合资源赋能各终端行业。同时,该公司通过发起和主办的研究生、本科生"兆易创新杯"竞赛、"GD32 大学计划"等建立了完善的电子器件生态系统,更帮助了公司的发展与壮大。

目前兆易创新公司已经创立了行业的领导地位:

(1) 全球排名第一的无晶圆厂 Flash 供应商;

(2) 在 NOR Flash 领域,市场占有率全球第三;

(3) 中国品牌排名第一的 Flash 和 32 位 Arm® 通用型 MCU 供应商;

(4) 中国排名第二的指纹传感器供应商。

本实验平台采用的兆易创新 M4 核为 32 位处理器,拥有单芯片实现 AC/DC 转换、多 UART、I2C、I2S 控制和通信的功能,具有最大程度实现系统集成性、降低整体成本并增加 LED 系统的附加价值等特点。

2.2.1　GD32F3 系列单片机的主要资源

本实验箱主控制器、中控制器和传感器板分别选用 GD32F3 系列芯片,具体型号和本实验箱所关注的主要资源如表 2-4 所示。

表 2-4 GD32F3 系列

芯片型号	最大主频(MHz)	Flash（MB）	SRAM（MB）	串口个数	引脚
330F6P6	84	32	4	2	20
303CET6	120	512	64	3	48
303RCT6	120	256	48	5	64

2.2.2　GD32F3 系列单片机引脚

本开发平台的主控制器、中控制器和传感器终端的 MCU 均使用 GD32F3 系列单片机,其中主控制器采用 GD32F303RCT 芯片,如图 2-5 所示,它是 64 引脚的高性能处理器;中控制器采用 GD32F303CET 芯片,如图 2-6 所示;传感器终端采用 GD32F330F6P6 芯片,如图 2-7 所示。不同级别控制器采用同一系列单片机,既增强了系统的统一性,也使开发变得简单,缩短了开发时间,节约了开发成本,同时有利于学生对单片机的学习与掌握。

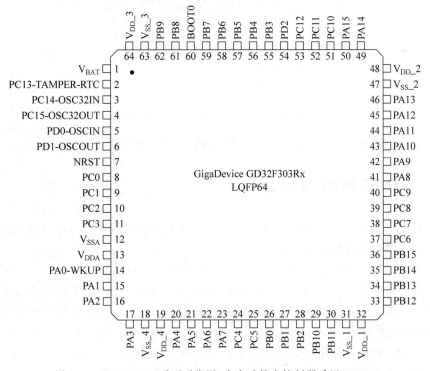

图 2-5　GD32F303R 系列引脚图(本实验箱主控制器采用 RCT6)

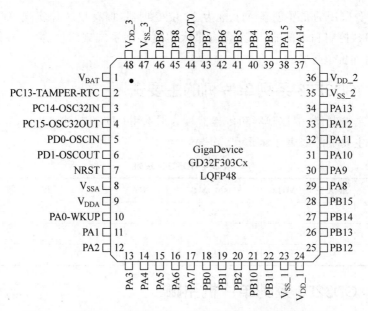

图 2-6　GD32F303C 系列引脚图(本实验箱中控制器采用 CET6)

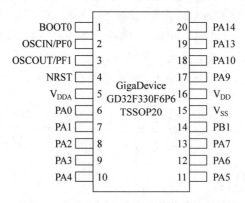

图 2-7　GD32F30F 系列引脚图(本实验箱传感器板采用 F6R6)

由于芯片引脚个数太多,具体引脚分配和功能可查阅兆易创新公司网站。

2.3　传感器模块设计

传感器模块主控芯片外围电路如图 2-8 所示,整个传感器模块分为处理器电路、电源电路、时钟电路、输入电路及输出电路。

处理器电路复位按键,在 NRST 复位引脚采用 1kΩ 上拉电阻,以及并联 100nF 的复位电容。低电平按键复位,V_{CC} 上电时,电容 C 充电,此时电路导通,RST 引脚为低电平,使得单片机复位;几毫秒后,电容 C 充满,此时电路为断路,电流由 1kΩ 电阻流入 RST 复位引脚,RST 引脚为高电平,使得单片机进入工作状态。工作期间,按下按键 Key,RST 复位引脚直接与 GND 导通,为低电平,电容 C 放电,使得单片机复位。松开按键 Key,电容 C 又充电,几毫秒后,充电完成,电路断路,单片机进入工作状态。

处理器启动模式,引脚采用下拉 1kΩ 电阻,在实验过程中使用配套 J-Link 下载器利用

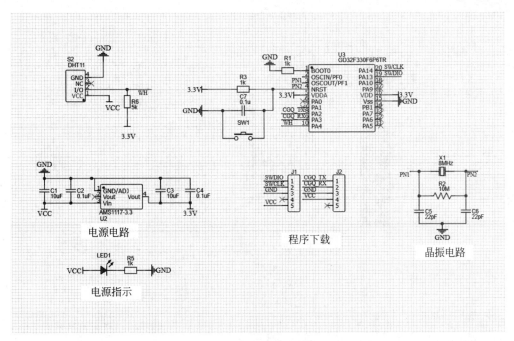

图 2-8 传感器模块

SWD 模式下载程序时,将程序下载到主控芯片内置 Flash 中,主控芯片重启后也直接在 Flash 中启动程序。

电源电路采用 5V 直流电源供电,并采用 AMS1117-3.3,AMS1117-3.3 是一种输出电压为 3.3V 的正向低压降稳压器,在 AMS1117-3.3 输入/输出端分别并联电容,作用是防止断电后出现电压倒置和输出滤波定容,抑制自激振荡和稳定输出电压。在通入 5V 直流电源后,电源指示灯将会亮起。

时钟电路为主控芯片提供系统时钟,所有的外设工作、CPU 工作都要基于该时钟,根据晶振的匹配公式在无源 8MHz 晶振电路中串联两个 22pF 电容,以及并联 1 个 10MΩ 的电阻。

输入电路包括传感器输入处理器的 ADC 采集引脚,在输入电路引脚上拉 1kΩ 的电阻,将状态不确定的外部输入信号钳位至高电平,使之信号稳定,减少干扰作用。

输出电路有 1 个 2.54mm 标准间距的 10 针的扩展口,用于连接中控制器模块或者用户自己下载仿真、调试。

2.4 中控制器设计

中控制器又称为本地控制板,每个中控制器支持一种网络协议,分别为 WiFi、RS485、ZigBee、DALI、DMX512,一共 5 种协议,即每个实验箱包含 5 个中控制器。外围电路如图 2-9 所示,中控制器分为处理器电路、电源电路、时钟电路、输入电路以及输出电路,既可以独立实现对大功率 LED 灯的控制,也可以接收主控制器的命令实现远程调光调色的功能。

处理器电路复位按键,在 NRST 复位引脚采用 1kΩ 上拉电阻,以及并联 100nF 的复位

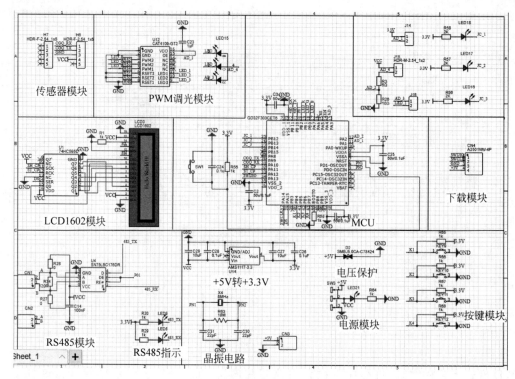

图 2-9　本地控制板电路原理

电容。低电平按键复位，V_{CC} 上电时，电容 C 充电，此时电路导通，RST 引脚为低电平，使得单片机复位；几毫秒后，电容 C 充满，此时电路为断路，电流由 1kΩ 电阻流入 RST 复位引脚，RST 引脚为高电平，使得单片机进入工作状态。工作期间，按下按键 Key，RST 复位引脚直接与 GND 导通，为低电平，电容 C 放电，使得单片机复位。松开按键 Key，电容 C 又充电，几毫秒后，充电完成，电路断路，单片机进入工作状态。

处理器启动模式，引脚采用下拉 1kΩ 电阻，在实验过程中使用配套 J-Link 下载器利用 SWD 模式下载程序时，将程序下载到主控芯片内置 Flash 中，主控芯片重启后也直接在 Flash 中启动程序。

电源电路采用 5V 直流电源供电，并采用 AMS1117-3.3，在 AMS1117-3.3 输入/输出端分别并联电容，作用是防止断电后出现电压倒置和输出滤波定容，抑制自激振荡和稳定输出电压。在通入 5V 直流电源后，电源指示灯将会亮起。

输出电路包括 LCD1602 显示模块电路，PWM 调光调色电路，故障检测灯电路及串口电路。LCD1602 显示模块中，将处理器的 3 个引脚连接到 74HC595D 芯片，该芯片是一个 8 位串行输入、并行输出的位移缓存器。芯片的 8 路输出引脚连接 LCD1602 的数据输入引脚；PWM 调光调色电路中，将处理器的 3 路定时器引脚连接 PWM 调光调色芯片 CAT4109，CAT4109 将输入的 PWM 波形转换成电流值提供给 RGB LED。故障检测灯电路上拉 1kΩ 电阻的作用是限流，将外部 3.3V 电源连接 LED 的另一端，当处理器的引脚拉低为低电平后，LED 灯即故障检测灯亮起；串口电路将 TX 和 RX 引脚分别连接至各协议模块的 RX 和 TX 端，进行数据传输。输出电路有 1 个 2.54mm 标准间距的 10 针的扩展口，用于连接传感器模块进行数据的采集。

输入电路包括按键电路、3 路故障检测电路及下载电路。按键电路采用低电平触发的按键设计,当没有按键按下时,由于上拉电阻的存在,此时处理器引脚处的电平为高电平,当按键按下时,处理器引脚直接与 GND 相连接,故此时处理器引脚为低电平;3 路故障检测电路分别采集 PWM 调光调色电路的 3 路输出值,并分别连接处理器的 ADC 引脚进行电平的采集。下载电路采用 SWD 下载方式,仅仅需要 4 根线就能完成程序的烧写与调试。

2.5　主控制器设计

主控制器又称为本地总控板,用于实现与综合控制器进行信息交互。主控制器接收综合控制器的指令,然后进行解析,之后将指令传给中控制器进行 LED 灯的控制,同时还具有网关的功能,电路原理图如图 2-10 所示。

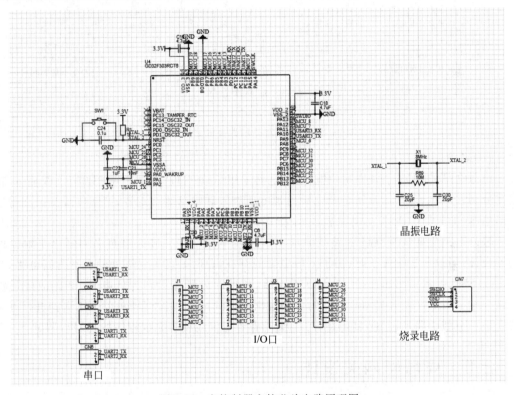

图 2-10　主控制器主控芯片电路原理图

主控制器的外围电路如图 2-11 所示。复位按键,在 NRST 复位引脚采用 1kΩ 上拉电阻,以及并联 100nF 的复位电容。低电平按键复位,V_{cc} 上电时,电容 C 充电,此时电路导通,RST 引脚为低电平,使得单片机复位;几毫秒后,电容 C 充满,此时电路为断路,电流由 1kΩ 电阻流入 RST 复位引脚,RST 引脚为高电平,使得单片机进入工作状态。工作期间,按下按键 Key,RST 复位引脚直接与 GND 导通,为低电平,电容 C 放电,使得单片机复位。松开按键 Key,电容 C 又充电,几毫秒后,充电完成,电路断路,单片机进入工作状态。

处理器启动模式,引脚采用下拉 1kΩ 电阻,在实验过程中使用配套 J-Link 下载器利用 SWD 模式下载程序时,将程序下载到主控芯片内置 Flash 中,主控芯片重启后也直接在

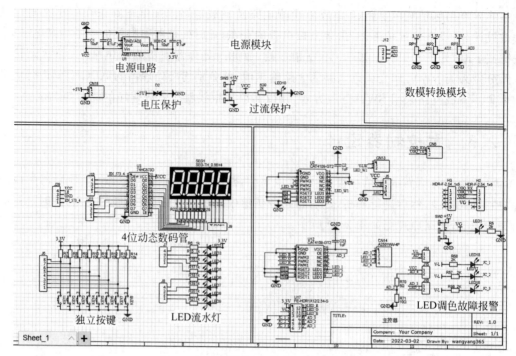

图 2-11　主控制器外围器件电路原理图

Flash 中启动程序。

　　电源电路采用 5V 直流电源供电,电源电路采用 AMS1117-3.3,在 AMS1117-3.3 输入/输出端分别并联电容,作用是防止断电后出现电压倒置和输出滤波定容,抑制自激振荡和稳定输出电压。在通入 5V 直流电源后,电源指示灯将会亮起。

　　输入电路包括按键电路、3 路故障检测电路及下载电路。按键电路采用低电平触发的按键设计,当没有按键按下时,由于上拉电阻的存在,此时处理器引脚处的电平为高电平,当按键按下时,处理器引脚直接与 GND 相连接,故此时处理器引脚为低电平;3 路故障检测电路分别采集 PWM 调光调色电路的 3 路输出值,并分别连接处理器的 ADC 引脚进行电平的采集。下载电路采用 SWD 下载方式,仅仅需要 4 根线就能完成程序的烧写与调试。

2.6　局域网网关设计

　　局域网网关由主控制器实现,将主控制器 5 个串口(USART1～USART3、UART1、UART2)分别连接到以下 5 个中控制器,实现 5 种协议的相互转换,原理图如图 2-12 所示。

1. RS485 模块

　　RS485 模块采用 SN75LBC176 差动总线收发器,SN75LBC176 差动总线收发器是单片式集成电路,用于在多点总线传输线上进行双向数据通信,是为平衡传输线设计的。SN75LBC176 结合了一个 3 态差分线路驱动器和一个差分输入线路接收器,两者均由一个 5V 电源供电。驱动器和接收器分别具有高电平有效和低电平有效的使能,它们可以从外部连接在一起,作为方向控制。驱动器的差分输出和接收器的差分输入在内部连接,形成一个差分输入/输出(I/O)总线端口,该端口的设计是为了在驱动器被禁用或 V_{cc} 失效时,为

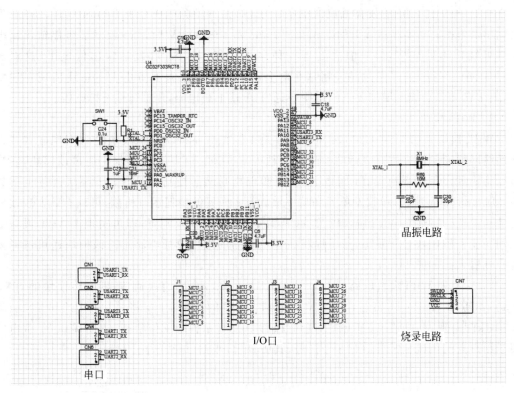

图 2-12 局域网网关电路原理

总线提供最小的负载。

图 2-13 为 RS485 模块电路图,R 引脚为接收数据端,信号为 TTL 电平,可以接单片机的 RX,D 引脚为发送数据端,信号类型为 TTL 电平,可以接单片机的 TX,DE 和 RE♯是芯片的控制引脚,高电平允许发送,低电平允许接收。根据 RS485 标准,当 485 总线差分电压

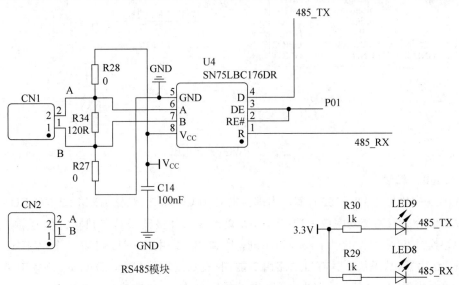

图 2-13 RS485 模块电路

大于＋200mV时,485收发器输出高电平;当485总线差分电压小于－200mV时,485收发器输出低电平;当485总线上的电压在－200mV～＋200mV时,485收发器可能输出高电平也可能输出低电平,但一般总处于一种电平状态,若485收发器输出低电平,这对于UART通信来说是一个起始位,此时通信会不正常。因此为了防止485总线出现上述情况,通常在485总线上增加上下拉电阻。通常A接上拉电阻,B总线接下拉电阻。

2. WiFi模块

WiFi模块采用USR-C216,USR-C216是一款低成本模块。该模块是为实现嵌入式系统无线网络通信的应用而设计的一款低功耗IEEE 802.11 b/g/n模块。通过该模块,客户可以将物理设备连接到WiFi网络上,从而实现物联网的控制与管理。该模块硬件上集成了MAC、基频芯片、射频收发单元和功率放大器;内置低功耗运行机制,可以有效实现模块的低功耗运行;支持WiFi协议以及TCP/IP,用户仅需简单配置,即可实现UART设备的联网功能。该模块尺寸较小,易于焊装在客户产品的硬件单板电路上。该模块还可选择内置或外置天线的应用。

图2-14为WiFi模块电路图,芯片与MCU(3.3V电平)直接通信,需要将模块的TXD接到MCU的RXD上,将芯片的RXD接到MCU的TXD上。将芯片的RX和TX引脚上拉1kΩ电阻,上拉到3.3V电平,通过LED状态显示模块工作状态。3针调试/下载电路用于用户自己调试。扩展口有3个信号,其中,串口1路、地线1路。

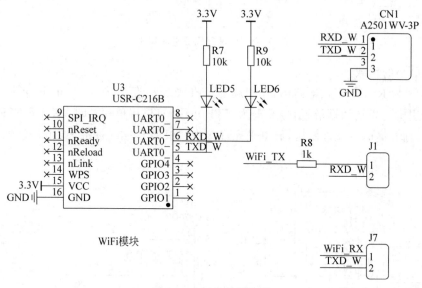

图2-14　WiFi模块电路

3. ZigBee模块

ZigBee模块采用DRF1609,模块内部主芯片为CC2630(双核ARM-32位CPU芯片),信号放大部分为双通道功率放大器(PA),板载天线与外接天线具有独立的信号通道,可通过软件切换。模块可设置为,Coordinator:协调器(或主模块),创建一个ZigBee网络;Router:路由器(从模块),具有自动路由功能,收发数据功能;End Device:终端节点(从模块),可以收发数据,没有自动路由,可以进入休眠状态 。从模块(Router、End Device)可通过按键自动加入网络,也可以单独设置加入ZigBee网络,理论上可容纳65536个结点

(2 字节的地址)，没有路由深度的限制（200 级路由，基本相当于没有限制）。短地址不变，也可设置自定义地址，模块自带 8 字节的 MAC 地址。Coordinator 可直接替换透明传输，最大 269 字节一个数据包点对点传输发送至任意节点。模块控制指令简单，指令向下兼容。通信向下兼容。

图 2-15 为 ZigBee 模块电路图，芯片与 MCU（3.3V 电平）直接通信，需要将模块的 TXD 接到 MCU 的 RXD 上，将芯片的 RXD 接到 MCU 的 TXD 上。将芯片的 RX 和 TX 引脚上拉 1kΩ 电阻上拉到 3.3V 电平，通过 LED 状态显示模块工作状态。3 针调试/下载电路用于用户自己调试。扩展口有 3 个信号，串口 1 路、地线 1 路。

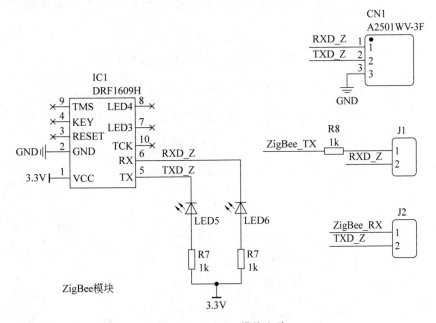

图 2-15 ZigBee 模块电路

本实验箱选用的 ZigBee 模块的引脚定义如图 2-16 所示。

4. DALI 模块

DALI 协议要求 DALI 从机在连接到 DALI 总线时不考虑 DALI 总线的极性，因此在 DALI 总线输入端采用全桥整流输入，以消除输入极性。DALI 在接收及发送 DALI 信号时均采用光电耦合器隔离接法，以实现主机与从机之间通信隔离的目的。DALI 从机在发送 DALI 信号时，需要提供 240～250mA 电流才能驱动主机的 DALI 接口，使 DALI 主机接收到 DALI 信号，因此在 DALI 从机信号发送端接入中功率三极管 Q2 以放大信号电流。DALI 模块电路原理图如图 2-17 所示。

当从机需要发出应答信号时，从机单片机通过光耦 U9 控制三极管 Q2 的导通和截止，将指令发送到总线。电容 C9 在总线高电平时充电，在总线电平被拉低时为 Q2 提供工作电源，保证三极管 Q2 的导通。三极管 U18 的作用是防止 C9 通过总线放电。电阻 R19 的作用是限流及防止线路有震荡，当从节点接收指令时，总线信号经光耦 U8 传送到单片机，稳压二极管 D1 用于防止 U8 误动作。

5. DMX512 模块

DMX512 模块与 RS485 模块均采用 SN75LBC176 差动总线收发器，是单片式集成电

PIN	名称	功能
1	VCC	3.3V 电源
2	GND	电源地
3	RESET_N	复位，低电平复位
4	KEY	功能按键
5	TX	串口 TX
6	RX	串口 RX
7	LED3	LED 灯 指示数据收发
8	LED4	LED 灯 指示状态
9	TMS	JTAG TMS
10	TCK	JTAG TCK

图 2-16　ZigBee 模块引脚定义

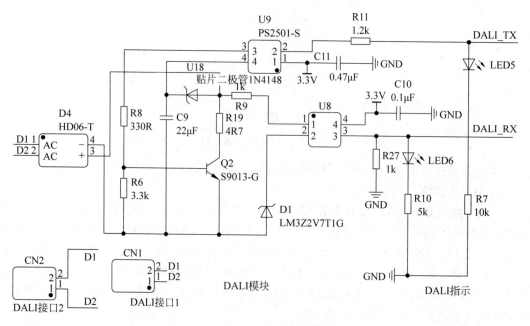

图 2-17　DALI 模块电路

路,用于在多点总线传输线上进行双向数据通信,是为平衡传输线设计的。SN75LBC176 结合了一个 3 态差分线路驱动器和差分输入线路接收器,两者均由一个 5V 电源供电。驱动器和接收器分别具有高电平有效和低电平有效的使能,它们可以从外部连接在一起,作为方向控制。驱动器的差分输出和接收器的差分输入在内部连接,形成一个差分输入/输出(I/O)总线端口,该端口的设计是为了在驱动器被禁用或 V_{CC} 失效时,为总线提供最小的负载。

图 2-18 为 DMX512 模块电路图,R 引脚为接收数据端,信号为 TTL 电平,可以接单片机的 RX,D 引脚为发送数据端,信号类型为 TTL 电平,可以接单片机的 TX,DE 和 RE♯是芯片的控制引脚,高电平允许发送,低电平允许接收。根据 RS485 标准,当 485 总线差分电压大于+200mV 时,485 收发器输出高电平;当 485 总线差分电压小于-200mV 时,485 收发器输出低电平;当 485 总线上的电压在-200mV~+200mV 时,485 收发器可能输出高电平也可能输出低电平,但一般总处于一种电平状态,若 485 收发器输出低电平,这对于 UART 通信来说是一个起始位,此时通信会不正常。因此为了防止 485 总线出现上述情况,通常在 485 总线上增加上、下拉电阻。通常 A 接上拉电阻,B 总线接下拉电阻。

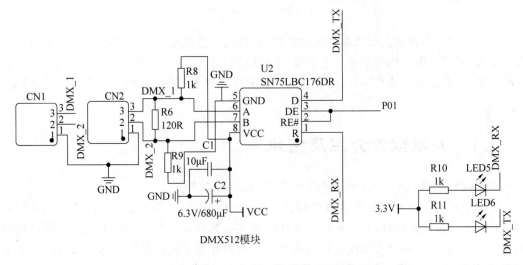

图 2-18　DMX512 模块电路

## 第 3 章

智慧照明平台终端软件设计

智慧照明平台终端主要指本系统的实验箱,包括传感器板、中控制器即中控板和总控制器即大板,本章主要介绍传感器信息采集、本地控制和远程控制的程序设计方法和代码,包含网络传输、总控板实验程序设计、局域网网关程序设计等各模块的程序思路及主要代码的讲解。

3.1 开发软件介绍及使用

本实验箱采用 Keil uVision5 进行开发,即 Keil 的第 5 版。

Keil 公司是一家业界领先的微控制器(MCU)软件开发工具的独立供应商。Keil 公司由两家私人公司联合运营,分别是德国慕尼黑的 Keil Elektronik GmbH 和美国德克萨斯的 Keil Software Inc。Keil 公司制造和销售种类广泛的开发工具,包括 ANSI C 编译器、宏汇编程序、调试器、连接器、库管理器、固件和实时操作系统核心(Real-Time Kernel)。有超过 10 万名 MCU 开发人员在使用这种得到业界认可的解决方案。Keil C51 编译器自 1988 年引入市场以来已成为事实上的行业标准,并支持超过 500 种 8051 变种。MDK 即 RealView MDK 或 MDK-ARM(Microcontroller Development kit),是 ARM 公司收购 Keil 公司以后,基于 uVision 界面推出的针对 ARM7、ARM9、Cortex-M0、Cortex-M1、Cortex-M2、Cortex-M3、Cortex-M4 等 ARM 处理器的嵌入式软件开发工具。MDK-ARM 集成了业内最领先的技术,包括 uVision5 集成开发环境与 RealView 编译器 RVCT。它支持 ARM7、ARM9 和最新的 Cortex-M3/M1/M0 核处理器,可自动配置启动代码,集成 Flash 烧写模块,具有强大的设备模拟、性能分析等功能,与 ARM 之前的工具包 ADS 等相比,RealView 编译器的最新版本可将性能改善超过 20%。

Keil 公司开发的 ARM 开发工具 MDK,是用来开发基于 ARM 核的系列 MCU 的嵌入式应用程序。它适合不同层次的开发者使用,包括专业的应用程序开发工程师和嵌入式软件开发的入门者。MDK 包含了工业标准的 Keil C 编译器、宏汇编器、调试器、实时内核等组件,支持所有基于 ARM 的设备,能帮助工程师按照计划完成项目。

3.1.1 Keil 5 的安装

1. 安装

双击如图 3-1 所示图标进行安装,进入如图 3-2 所示的安装界面,单击 Next。

图 3-1　Keil 5 安装包

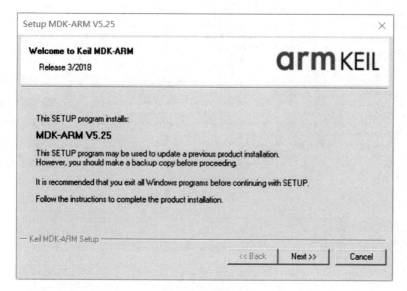

图 3-2　安装界面

在安装过程中出现以下界面。

（1）选中同意软件使用条约，单击 Next（下一步）；

（2）选择安装路径（建议选择默认 C 盘路径），单击 Next（下一步）；

（3）填写用户名（First name）与邮箱（E-Mail）（任意填写），单击 Next（下一步）；

（4）正在安装，等待安装进度条完成；

（5）去掉"Show Release Notes"对勾，安装完成，单击 Finish（完成）。

2. 添加器件库芯片包

（1）下载芯片包。

官方下载界面如图 3-3 所示。找到 GD32F30x 系列的芯片包，如图 3-4 所示。将芯片包下载到 Keil 5 的安装根目录下。

（2）安装芯片包。

双击芯片包.pack 文件，如图 3-5 所示。

（3）进入添加器件库安装包界面，此步骤自动搜寻 MDK5 软件安装路径。如图 3-6 所示，完成本步骤后单击 Next。然后进入添加器件库安装包进度条，完成这一步后单击 Next。进入安装，等待完成后单击 Finish，如图 3-7 所示，则器件库安装完成。

（4）打开 Keil 5，新建工程，芯片包已经安装好了，如图 3-8 所示。

3. 激活 MDK

（1）右击桌面上的 Keil 图标，如图 3-9 所示。在弹出的选项卡中选择以管理员身份运行。

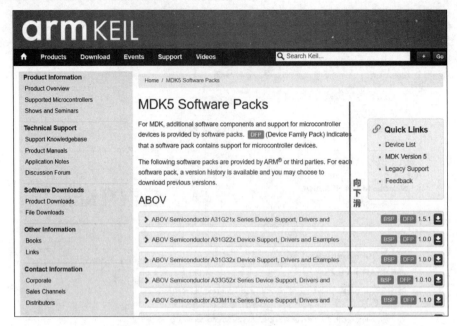

图 3-3 官方下载界面

图 3-4 GD32F30x 系列的芯片包

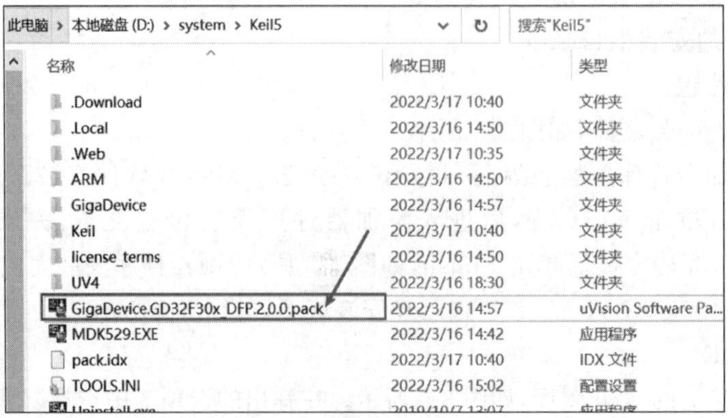

图 3-5 双击 GD32F30x 系列的芯片包

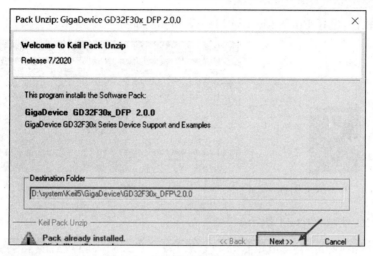

图 3-6　自动搜寻软件安装路径

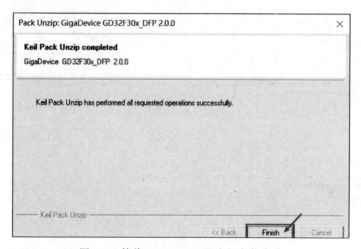

图 3-7　等待 GD32F30x 芯片包安装完成

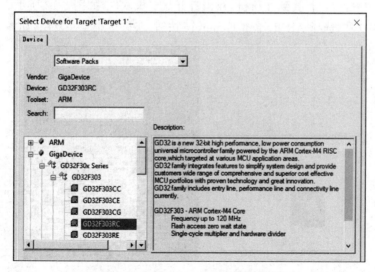

图 3-8　GD32F30x 芯片包安装完成

（2）进入软件，选择 File→License Management，如图 3-10 所示。

图 3-9 右击 Keil 图标

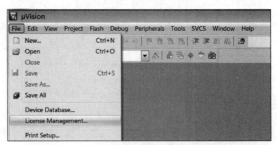

图 3-10 选择 License Management

（3）复制 ID 号，如图 3-11 所示。

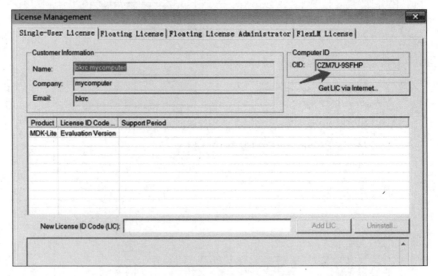

图 3-11 复制 ID 号

（4）如需破解，需自行找到注册机，双击打开注册机软件，如图 3-12 所示。

（5）粘贴 ID 号，选择 ARM，单击 Generate 按钮，获得注册号并复制，如图 3-13 所示。

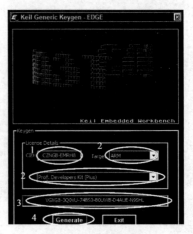

图 3-12 注册机

图 3-13 得到注册号

（6）粘贴注册号，单击添加进行注册（出现如图 3-14 所示界面，即代表注册成功）

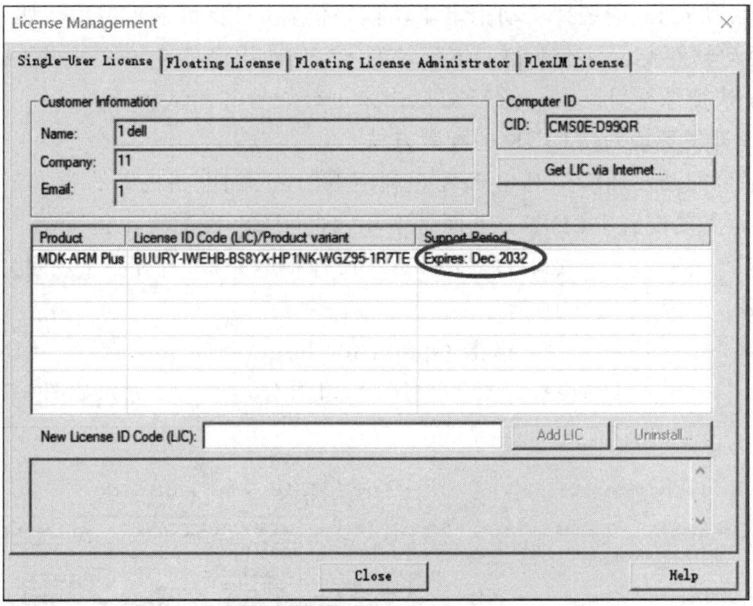

图 3-14 注册成功

至此，MDK5 安装完成。

3.1.2 下载器的安装与配置

GD32 下载程序需要用仿真器进行下载，可以用 ST-LINK 也可用 J-LINK，本实验平台采用 J-LINK 下载器。

1. J-LINK 下载器驱动安装

首先从官网下载最新的 J-LINK 驱动软件，J-Link ARM software and documentation pack，内含 USB driver、J-Mem、J-Link. exe and DLL for ARM、J-Flash and J-Link RDI。注意：SEGGER 公司升级比较频繁，请密切留意 SEGGER 公司网站，下载最新驱动，以支持更多器件。安装驱动很简单，只要将下载的 ZIP 包解压，然后直接安装即可。默认安装是一路单击"Yes"即可，如图 3-15 所示。

图 3-15 J-LINK 驱动安装

安装完成后,插入 J-LINK 硬件,系统会提示发现新硬件。一般情况下会自动安装驱动,如果没有自动安装,请选择手动指定驱动程序位置(安装目录),然后将驱动程序位置指向 J-LINK 驱动软件安装目录下的 Driver 文件夹,驱动程序就在该文件夹下。安装完成后桌面出现两个快捷图标,J-Link ARM 可以用来进行设置和测试。

2. Keil 5 开发环境对 J-LINK 的配置方法

本实验平台的开发环境是 Keil 5,要想利用 J-LINK 向电路板中的 MCU 下载 Keil 5 中编写的程序,就需要配置 J-LINK。下面是 Keil 5 的 J-LINK 配置流程。

图 3-16　编译项目

(1) 首先用 J-LINK 连接电路板,打开一个项目并编译项目,如图 3-16 所示。

(2) 单击 Option for target→Debug,选择 J-LINK/J-TRACE Cortex,如图 3-17 所示,勾选 Run to main(),如图 3-18 所示。

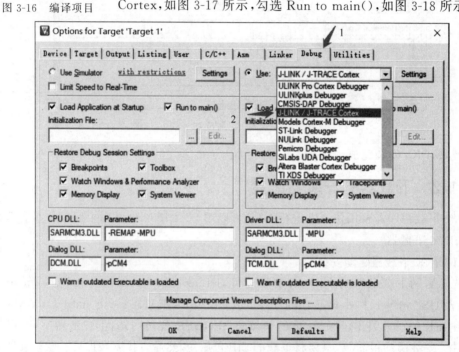

图 3-17　J-LINK 目标资源配置

(3) 单击 Setting,会弹出另一个页面,在 Debug 菜单中选择 Port:SW 和 Max:10MHz。

这里要注意 Prot:SW 与 JTAG 模式。使用 JTAG 模式这个可以不做改动,但使用 SW 模式的情况下必须将 Port 选择为 SW,如果正确,在链接成功后会在 SWDIO 中显示图 3-19 所示内容。

(4) 在 Flash Download 菜单中勾选 Program、Verify、Reset and Run,然后单击 Add,添加芯片的支持包,如图 3-20 所示。

(5) 选择型号和 Flash Size 相符合的选项,单击 Add 后单击确定,如图 3-21 所示。

(6) 在 Option for target→Utilities 中勾选 Use Debug Driver 和 Update Target before Debugging,实现芯片支持包的添加,如图 3-22 所示。

(7) J-LINK 配置完成,可以单击下载程序了,如图 3-23 所示。

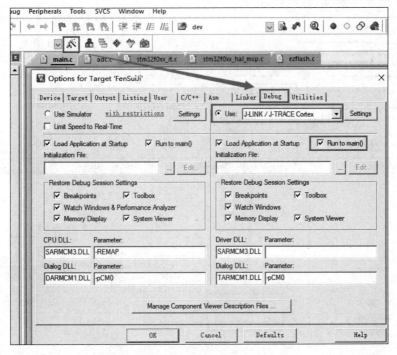

图 3-18 选择 J-LINK/J-TRACE Cortex

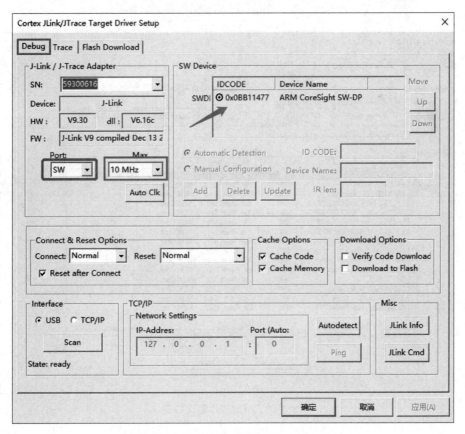

图 3-19 选择 Port:SW 和 Max:10MHz

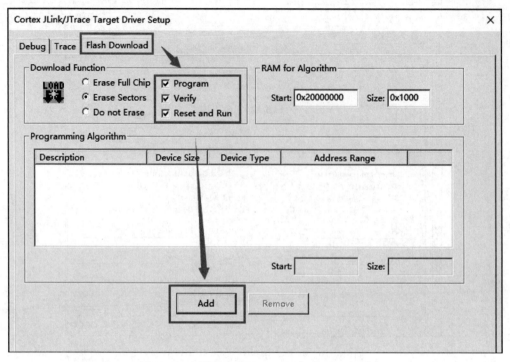

图 3-20 选择 Program、Verify、Reset and Run

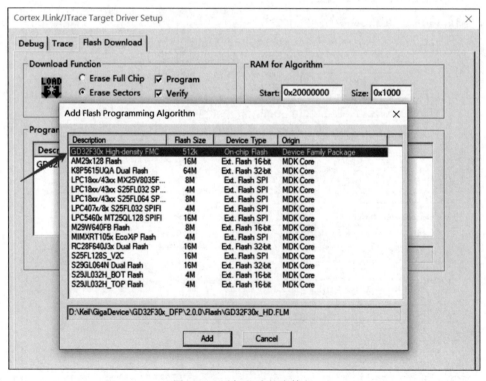

图 3-21 添加芯片的支持包

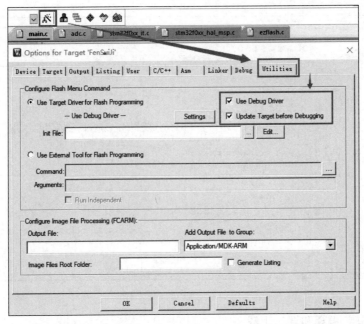

图 3-22　勾选 Use Debug Driver 和 Update Target before Debugging

图 3-23　下载程序

3.1.3　Keil 5 的使用

1. 打开软件程序工程

在硬件连接没问题之后,打开任意一个工程,双击 Project 文件夹下的 template 可执行程序(如图 3-24 所示),如图 3-25 所示就表示成功打开了一个工程。

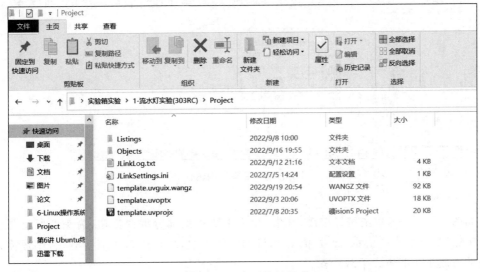

图 3-24　双击可执行程序

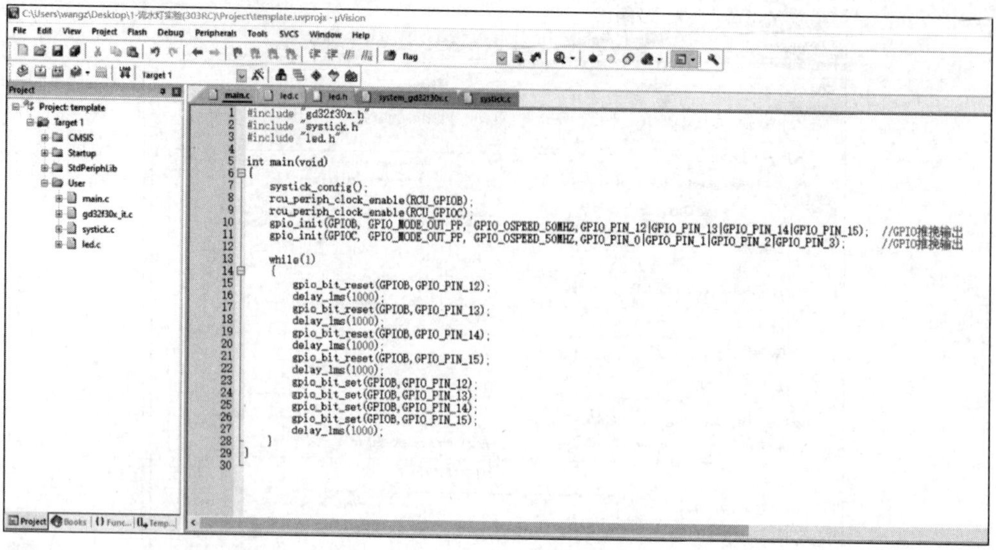

图 3-25　成功打开工程

2. 工程编辑、编译和调试下载

每个工程示例程序都是配置好的,采用 J-LINK 下载程序调试,查看是否配置好下载工具,可以按照以下步骤。

1) 编辑

示例程序已经都编辑好,不需要再编辑代码。如果需要自己修改,需按图 3-26 所示在 Project 中单击需要编辑的文件,然后在主框图中编写和修改,最后单击保存按钮。

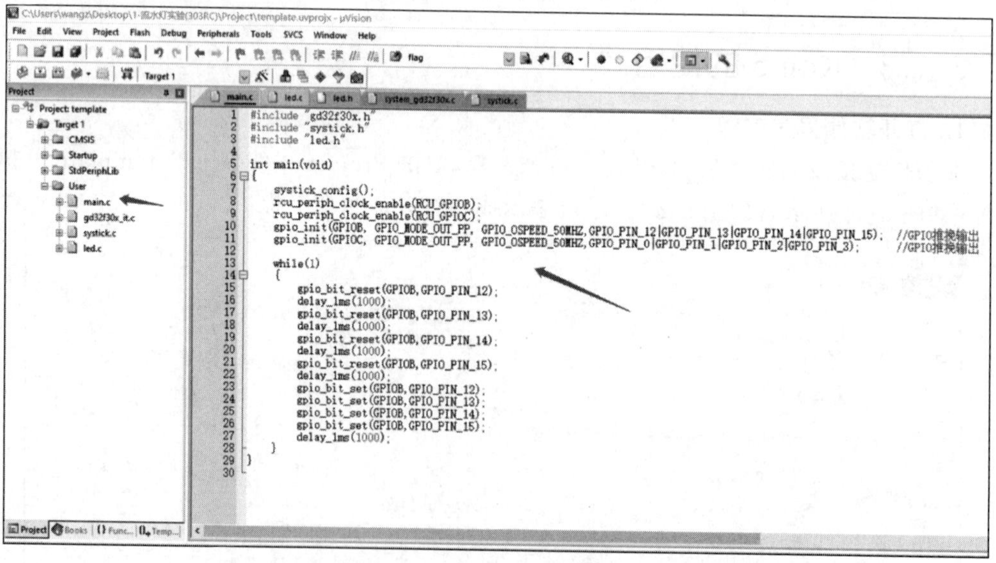

图 3-26　在箭头处编辑代码

2) 编译

如图 3-27 所示,单击编译按钮,其中,箭头 1 所指是部分编译按钮,箭头 2 所指是全部编译按钮,如果箭头 3 所示 Error 值为 0,说明编译通过,可以进入下载步骤,否则还需把错误的地方改正才能进入下载步骤。

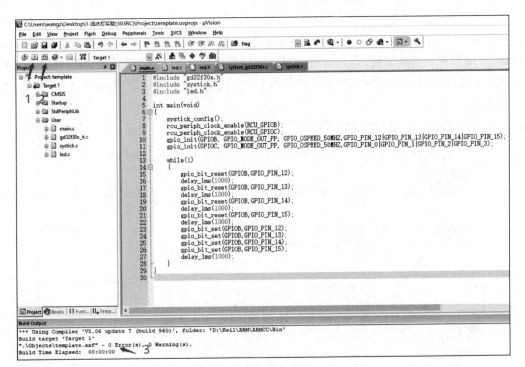

图 3-27　编译代码

3）下载

如图 3-28 所示，单击（箭头 1 所指）Load，Build Output 中会提示 Programming Done，Verify OK，说明下载成功。

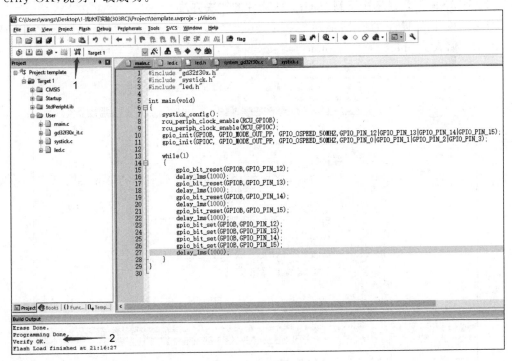

图 3-28　下载程序

4）调试运行

如图 3-29 所示，先按箭头 1 所指按钮（Start/Stop Debug Session），光标就会跳到 main 函数，再按箭头 2 所指按钮（全速运行），程序就完全跑起来了，比如流水灯例程可以在主板上看到 LED 灯每秒依次点亮，箭头 3 所指按钮是当全速运行起来之后，按了 Stop 按钮，单步调试时才用得上。

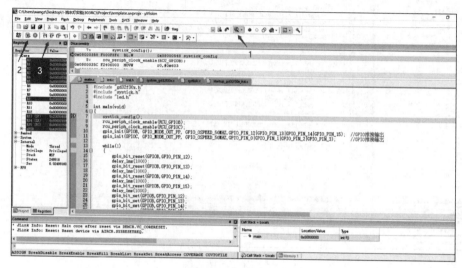

图 3-29　调试运行

3.1.4　Keil 5 的常见问题排查

1. J-LINK 下载程序找不到 Cortex-M 器件的解决方法

J-LINK 下载程序的时候显示"No Cortex-M Device found in JTAG chain. Please check the JTAG cable and the connected devices."，如图 3-30 所示。

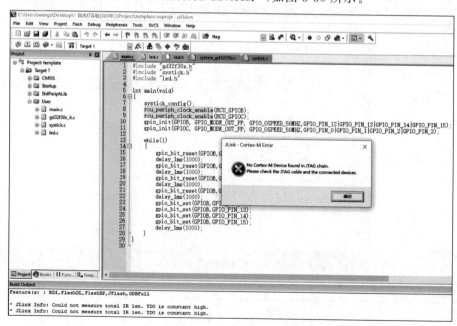

图 3-30　J-LINK 下载程序常见问题

解决办法：单击 Option for target→Debug，选择 J-LINK/J-TRACE Cortex，单击 Settings，Port 选择 SW，如图 3-31 所示。

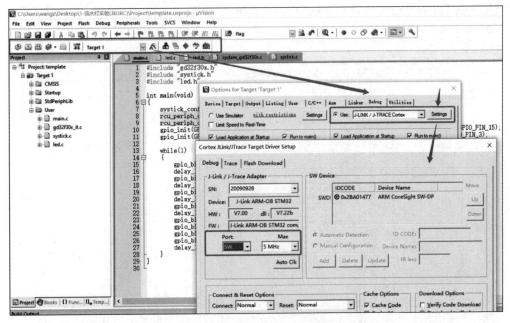

图 3-31　J-LINK 下载程序常见问题解决方法

2. J-LINK 下载提示 NO J-Link found 问题解决方法

如图 3-32 所示，J-LINK 下载过程中有时会提示 NO J-Link found 问题，解决办法：检查 J-LINK 与计算机之间接线，连线没问题的话，检查驱动，重新安装驱动。

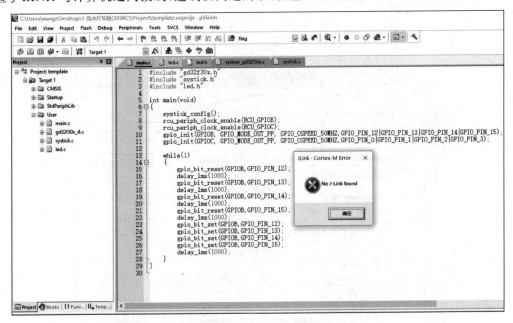

图 3-32　NO J-Link found

3. J-LINK 下载提示 NO ST-LINK detected 问题的解决方法

J-LINK 下载过程中,有时会提示 NO ST-LINK detected,如图 3-33 所示。出现问题的原因是下载 J-LINK 的时候没有正确勾选 J-LINK 下载器,而是选择了 ST-Link 下载器。

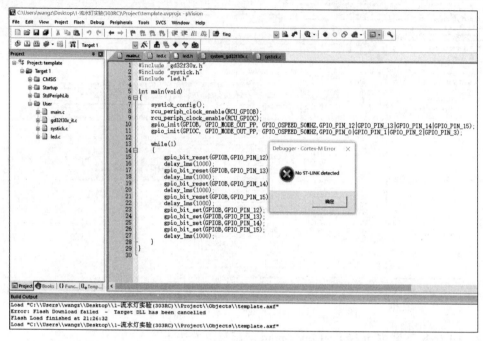

图 3-33　NO ST-LINK detected

解决办法:单击 Option for target→Debug,选择 J-LINK/J-TRACE Cortex,勾选 Run to main(),如图 3-34 所示。

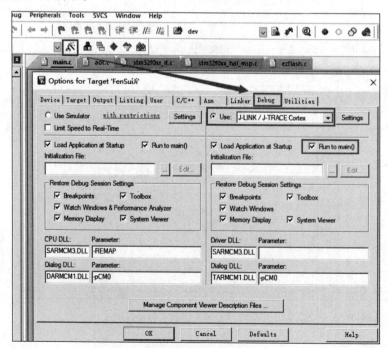

图 3-34　选择 J-LINK/J-TRACE Cortex

3.2　传感器端

传感器端即数据采集端,传感器采集的信息经模数转换后传送给处理器,根据传感器采集的不同数值对 LED 灯进行调光调色的控制。其中传感器和 LED 灯的颜色和亮度的值,是预置的数字,可以根据实际应用场景进行调整。

本实验套件传感器包括温湿度、红外测距、人感、声音和光敏传感器。温湿度传感器有自己特有的时序,所以单独讲解,其他四种信号均接到传感器板上处理器的 ADC 引脚,程序设计类似,所以统一设计和讲解。

3.2.1　温湿度传感器

1. DHT11 温湿度传感器

1) DHT11 温湿度传感器简介

温湿度数据采集使用 DHT11 数字温湿度传感器。DHT11 是一款温湿度一体化的数字传感器。该传感器包括一个电阻式测湿元件和一个 NTC 测温元件,并与一个高性能 8 位单片机相连接。通过单片机等微处理器简单的电路连接就能够实时采集本地湿度和温度。DHT11 与单片机之间能采用简单的单总线进行通信,仅仅需要一个 I/O 口。传感器内部湿度和温度数据以 40bit 的数据一次性传给单片机,数据采用校验和方式进行校验,有效地保证数据传输的准确性。DHT11 功耗很低,5V 电源电压下,工作平均最大电流为 0.5mA。

2) DHT11 温湿度传感器数据传输

DHT11 温湿度传感器采用单总线数据格式。单个数据引脚端口完成输入输出双向传输。其数据包由 5 字节(40 位)组成。数据分小数部分和整数部分,一次完整的数据传输为 40 位,高位先出。

DHT11 的数据格式为:8 位湿度整数数据+8 位湿度小数数据+8 位温度整数数据+8 位温度小数数据+8 位校验和。其中,校验和数据为前四个字节相加,如图 3-35 所示。

传感器数据输出的是未编码的二进制数据。数据(湿度、温度、整数、小数)之间应该分开处理。

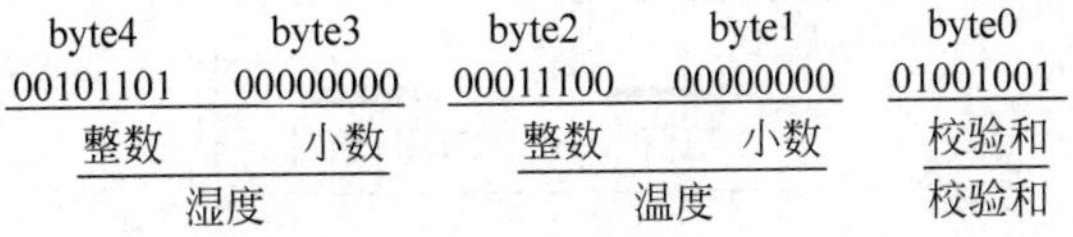

byte4	byte3	byte2	byte1	byte0
00101101	00000000	00011100	00000000	01001001
整数	小数	整数	小数	校验和
湿度		温度		校验和

图 3-35　DHT11 的数据格式

由以上数据就可得到湿度和温度的值,计算方法:

$$湿度 = byte4 . byte3 = 45.0(\%RH)$$

$$温度 = byte2 . byte1 = 28.0(℃)$$

$$校验 = byte4 + byte3 + byte2 + byte1 = 73(校验正确)$$

3) DHT11 数据发送流程

首先主机发送开始信号,即拉低数据线,保持 t1(至少 18ms)时间,然后拉高数据线

t2(20~40μs)时间,然后读取 DHT11 的响应。正常情况下,DHT11 会拉低数据线,保持 t3(40~50μs)时间,作为响应信号,然后 DHT11 拉高数据线,保持 t4(40~50μs)时间后,开始输出数据。DHT11 数据发送流程如图 3-36 所示。

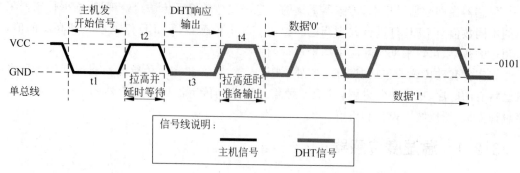

图 3-36　DHT11 数据发送流程

DHT11 输出数字'0'的时序,如图 3-37 所示。

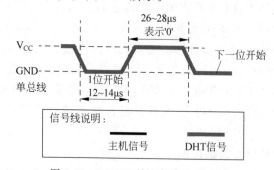

图 3-37　DHT11 输出数字'0'的时序

DHT11 输出数字'1'的时序,如图 3-38 所示。

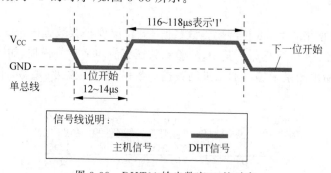

图 3-38　DHT11 输出数字'1'的时序

2. 程序实现

（1）DHT11 的输入输出模式的配置关键代码。

```
cmd = 1,配置为输出模式;cmd = 0,配置为输入模式.
void DHT11_Read_Out_Input(uint8_t cmd)
{
    if(cmd == 1)
    {
    gpio_mode_set(DHT11_GPIO,GPIO_MODE_OUTPUT,GPIO_PUPD_PULLUP,DHT11_
```

```
Pin);
    gpio_output_options_set(DHT11_GPIO,GPIO_OTYPE_PP,GPIO_OSPEED_50MHZ,DHT11_
Pin);
    }
    else
    {
    gpio_mode_set(DHT11_GPIO,GPIO_MODE_INPUT,GPIO_PUPD_PULLUP,DHT11_Pin);
    }
}
```

（2）读取温湿度数据。

```
uint8_t DHT11_Read_Huim_Temp(uint8_t * HuimH,uint8_t * HuimL,uint8_t * TempH,uint8_t
* TempL)
{
    uint8_t i;
    uint8_t Data[5];
    //主机发送开始信号
    DHT11_Read_Out_Input(1);
    DHT11_Low;
    delay_1ms(20);        //20ms
    DHT11_High;
    delay_1us(40);
    //DHT11 响应信号
    DHT11_Read_Out_Input(0);
    while((DHT11_Input == RESET) && (++Time<1000) );Time = 0;
    while((DHT11_Input == SET) && (++Time<1000) );Time = 0;
    for(i=0;i<5;i++){
        Data[i] = DHT11_Read_Byte();
    }
    delay_1ms(3);
    if((Data[0]+Data[1]+Data[2]+Data[3]) == Data[4]){
        * HuimH = Data[0];
        * HuimL = Data[1];
        * TempH = Data[2];
        * TempL = Data[3];
    }
    else{
        return 1;
    }
    return 0;
}
```

3.2.2 红外、人感、声音和光敏传感器

1. 数据采集简介

数据采集模块采用兆易创新公司的 GD32F330F6P6 微控制器作为主控芯片。GD32F330
系列器件是基于 Arm Cortex-M4 处理器的 32 位通用微控制器。Arm Cortex-M4 处理器包
括三条 AHB 总线，分别称为 I-CODE 总线、D-Code 总线和系统总线。Cortex-M4 处理器的
所有存储访问，根据不同的目的和目标存储空间，都会在这三条总线上执行。存储器组织采
用哈佛结构，预先定义的存储器映射和高达 4GB 的存储空间，充分保证了系统的灵活性和
可扩展性。

GD32F330F6P6 主控芯片自带 1 个 12 位 ADC,此处数据采集使用 ADC 的通道 4 作为 A/D 采集输入端,采集红外、人感、声音和光敏传感器的模拟量输出,然后再转换成数字量。

2. 程序实现

(1) 配置 ADC 的 GPIO 端口为模拟输入。

```
void adc_gpio_config(void)
{
    gpio_mode_set(GPIOA,GPIO_MODE_ANALOG,GPIO_PUPD_NONE,GPIO_PIN_1);
}
```

(2) ADC 配置。

```
void adc_config(void)
{
adc_deinit();
    adc_channel_length_config(ADC_REGULAR_CHANNEL, 1);
    adc_regular_channel_config(0, ADC_CHANNEL_1, ADC_SAMPLETIME_55POINT5);
    adc_external_trigger_config(ADC_REGULAR_CHANNEL, ENABLE);
    adc_external_trigger_source_config(ADC_REGULAR_CHANNEL,
ADC_EXTTRIG_REGULAR_NONE);
    adc_data_alignment_config(ADC_DATAALIGN_RIGHT);
    adc_enable();
    adc_calibration_enable();
    adc_special_function_config(ADC_SCAN_MODE, ENABLE);
}
```

3. 获得 ADC 采集的模拟量后转换得到的数字量

```
adc_value = (ADC_RDATA * 3.3 / 4096);
```

3.3 网络传输

3.3.1 DALI

1. DALI 协议

1) 概述

数字可寻址照明接口(digital addressable lighting interface,DALI)协议是照明控制的一个标准,协议编码简单明了,通信结构可靠。DALI 协议是用于满足智能化照明控制需要的非专有标准,它定义了电子镇流器与控制模块之间进行数字化通信的接口标准。DALI 协议被编入欧洲电子镇流器标准"EN60929 附录 E 中",利用数字化控制方式调节荧光灯的输出光通量。该协议支持"开放系统"的概念,不同制造厂商的产品只要都遵守 DALI 协议就可以相互连接,保证不同制造厂商生产的 DALI 设备能全部兼容。

DALI 系统包含分布式智能模块,各个智能化 DALI 模块都具有数字控制和数字通信能力,地址和灯光场景信息等都存储在各个 DALI 模块的存储器内。DALI 模块通过 DALI 总线进行数字通信,传递指令和状态信息,实现开/关灯、调光控制和系统设置等功能。因此,当 DALI 控制器位置改变时,不需要改动灯的电源线。

DALI 协议是基于主从式控制模型建立的,主从设备通过 DALI 接口连接到 2 芯的总线上。操作人员通过主控制器(荧光灯调光控制器)操作整个系统,可对每个从控制器(电子镇流器)分别寻址,能够实现对连在同一条控制线上的每个荧光灯的亮度分别进行调光。

2) 电气特性

(1) 异步串行通信协议。

(2) 信息传送速率 1200bit/s,半双工,双向编码。

(3) 双线连接方式。

(4) 电平标准见图 3-39。

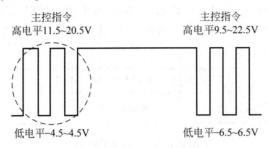

图 3-39　DALI 电平标准

根据 IEC60929 标准,DALI 总线上的最大电流限制为 250mA,每个电子镇流器的电流消耗设定在 2mA;DALI 总线的线路长度不得超过 300m。DALI 线路上最大的电压降应确保不超过 2V,如图 3-40 所示。任何时候,系统都应该保证不能超过这些限制值,否则会降低信号的安全性和完整性,系统运行也变得不稳定。出于这个原因,系统设计者不仅应考虑寻址的方便,也要考虑每个器件的电能消耗,并留有一定的余量以便日后可以进行扩展。

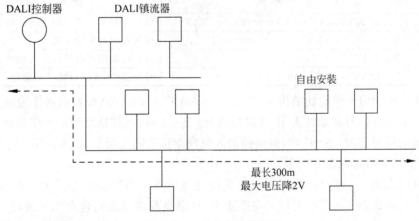

图 3-40　DALI 安装布线图

2. DALI 协议的数据通信

1) DALI 协议的编码

DALI 协议采用双向曼彻斯特编码,如图 3-41 所示。值"1"和"0"表示两种不同的电平跃变,从逻辑低电平转变到高电平表示值"1",从逻辑高电平转变到低电平表示值"0"。

DALI 协议的主控单元向从控单元发出的指令数据由 19 位数据组成,如图 3-42 所示。第 1 位是起始位,第 2～9 位是地址位(这就决定了只能对 64 个从控单元进行单独编

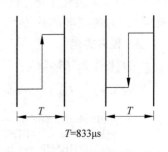

图 3-41　DALI 协议的编码方式

址),第 10~17 位是数据位,第 18、19 位为停止位。

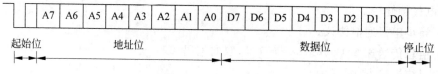

图 3-42　DALI 主控命令

DALI 协议中,只有在主控单元查询时,从控单元才向主控单元发送数据。从控单元向主控单元发送的数据由 11 位数据组成,如图 3-43 所示。第 1 位是起始位,第 2~9 位是数据位,第 10、11 位是停止位。

图 3-43　DALI 从控命令

只有符合上述指令标准的信息,DALI 设备才对其做出反应,否则将不予执行。

2) DALI 协议的指令信息

DALI 的调光指令分为普通指令和专有指令,普通指令用于单播、组播、广播调光、地址分配、镇流器状态查询等;专有指令主要用于整个 DALI 系统的参数配置,如表 3-1 所示。

表 3-1　DALI 地址信息

地 址 形 式	字 节 形 式	使 用 说 明
短地址	YAAAAAAS(AAAAAA=0~63,S=0/1)	单独控制某个从控单元的个体地址
组地址	Y00AAAAS(AAAA=0~15,S=0/1)	成组控制的组地址指令
广播地址	Y1111111S(S=0/1)	对所控制的所有从控单元的统一指令
专用命令	Y01CCCCS(CCCC=命令码,S=0/1)	专用指令,可执行特殊的命令

DALI 前向帧的 8 位地址结构为"YAAA AAAS"。AAAAAA 表示具体地址。Y 为地址标志位:Y=0 时,具体地址表示 16 位短地址;Y=1 时,具体地址表示 4 位组地址或广播地址。S 为功能标志位:S=0 时,前向帧的 8 位命令位为调光指令,调光范围 1~255;S=1 时,8 位命令位表示常规控制指令。

在 DALI 信息中,用 8bit 数据表示调光的亮度水平。值"00000000"表示灯没有点亮,DALI 协议按对数调节规则决定灯光亮度水平,在最亮和最暗之间包含 256 级灯光亮度,按对数调光曲线分布。在高亮度具有高增量,在低亮度具有低增量。这样整个调光曲线在人眼里看起来像线性变化。DALI 协议确定的灯光亮度水平在 0.1%~100%,值"00000001"对应 0.1% 的亮度水平,值"11111111"对应 100% 的亮度水平。

3. 程序实现

(1) 程序发送函数。

```
void key_scan(uint8_t mode)
{
    static uint8_t key_up = 1;
    if(key_up && ((RESET == gpio_input_bit_get(GPIOB, GPIO_PIN_4))\
        ||(RESET == gpio_input_bit_get(GPIOB, GPIO_PIN_5))\
        ||(RESET == gpio_input_bit_get(GPIOB, GPIO_PIN_6))\
```

```
         ||(RESET == gpio_input_bit_get(GPIOB, GPIO_PIN_7))))
    {
        delay_1ms(10);        //按键消抖
        key_up = 0;
        if(RESET == gpio_input_bit_get(GPIOB, GPIO_PIN_4))
        {
            addr = 0x01;
            data1 += 10;
            dali_send_command(addr, data1);
        }
        if(RESET == gpio_input_bit_get(GPIOB, GPIO_PIN_5))
        {
            addr = 0x02;
            data2 += 10;
            dali_send_command(addr, data2);
        }
        if(RESET == gpio_input_bit_get(GPIOB, GPIO_PIN_6))
        {
            addr = 0x03;
            data3 += 10;
            dali_send_command(addr, data3);
        }
        if(RESET == gpio_input_bit_get(GPIOB, GPIO_PIN_7))
        {
            addr = 0x04;
            数据清0;
            dali_send_command(addr, data);
        }
    }
    return ;
}
```

（2）接收数据处理函数。

```
void light_process(void)
{
    if(flag == 0)
        return ;
    flag = 0;
    switch(addr)
    {
        case 01:num = (((double)data/ 0xFF) * 10000);
    timer_channel_output_pulse_value_config(TIMER2, TIMER_CH_3, num);
            break;
        case 02:num = (((double)data/ 0xFF) * 10000);
    timer_channel_output_pulse_value_config(TIMER2, TIMER_CH_2, num);
            break;
        case 03:num = (((double)data/ 0xFF) * 10000);
    timer_channel_output_pulse_value_config(TIMER2, TIMER_CH_1, num);
            break;
        case 04:
        timer_channel_output_pulse_value_config(TIMER2, TIMER_CH_1, 0);
        timer_channel_output_pulse_value_config(TIMER2, TIMER_CH_2, 0);
        timer_channel_output_pulse_value_config(TIMER2, TIMER_CH_3, 0);
        break;
    }
}
```

3.3.2 DMX512

1. DMX512 协议定义及格式

DMX512(digital multiplex with 512 pieces of information)。根据 DMX512 数据传输速率的要求及控制网络分散的特点,其物理层的设计采用 RS485 收发器,总线用一对双绞线实现调光台与调光器的相接。数据传输的方式是 DMX512 协议,但数据的交换采用RS485 通信。

1) 帧结构

一个 DMX 控制字节称为一个指令帧,数据传输速率为 250kbit/s,$4\mu s$/bit,$44\mu s$/帧。1 帧数据长度为 11 位。第 1 位:起始位,低电平(SPACE);第 2～9 位:数据位(亮度数据,表示 0～255 的 256 级亮度),从最低位到最高位(LSB～MSB);第 10、11 位:停止位,高电平(MARK)。DMX512 协议的帧结构如图 3-44 所示。

图 3-44　DMX512 协议的帧结构

2) 信息包

DMX512 协议的信息包由一个 MTBP 位,一个 Break 位,一个 MAB 位,一个 SC 和 512个数据帧组成,数据传输采用异步串行格式。DMX512 字段采取顺序传输,以第 0 字段开始,以最后第 512 字段结束(最大字段数量为 513)。在第一个数据字段开始发送之前,应传输暂停标志,接着传输暂停结束标志和开始码。信息包的格式如图 3-45 所示,信息包电平时间见表 3-2。

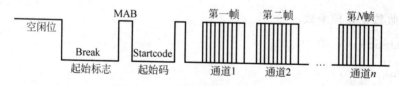

图 3-45　DMX512 协议信息包格式

表 3-2　信息包电平时间表

描　述	最　小　值	典　型　值	最　大　值	单　位
Break	88	88	1000000	μs
MAB	4	8	12	μs
指令帧		44		μs
起始位		4		μs
停止位		8		μs
数据位		4		μs
MTBP	0	NS	1000000	μs

2. 程序实现

(1) DMX512 信息包起始码程序。

```
void dmx512_init(void)
{
```

```
    int i;
    TXDData[0] = 0;
    for(i = 1; i<=512; i++)
    {
        TXDData[i] = i;
    }
    TXDData[1] = 0x01;
    TXDData[2] = 0x09;
    TXDData[3] = value_send_R;
    TXDData[4] = value_send_G;
    TXDData[5] = value_send_B;
}
```

（2）主控制器发送数据。

```
void dmx_sendpacket(void)
{
    dmx512_init();
    pDMX_buf = 0;
    gpio_tx_config(0);
    gpio_bit_reset(GPIOB, GPIO_PIN_10);
    delay_lus(88);                          //break
    gpio_bit_set(GPIOB, GPIO_PIN_10);
    delay_lus(13);                          //MAB
    gpio_tx_config(1);
    usart_data_transmit(USART2, 0x00);      // SC
    while(RESET == usart_flag_get(USART2, USART_FLAG_TBE)){};

    while(pDMX_buf < 10)                     //1~512
    {
        usart_data_transmit(USART2, 0x0100|TXDData[pDMX_buf]);
        while(SET != usart_flag_get(USART2, USART_FLAG_TBE));
        pDMX_buf++;
    }
}
```

（3）接收完成处理函数。

```
void dmx512_process(void)
{
    uint32_t tick;
    int len;
    len = dmx_data_idx;
    if(len == 0)
    {
        return ;
    }
    tick = get_Tick();
    if(tick - dmx_last_time > 4)
    {
        if(dmx_data[1] == 0x01 && dmx_data[2] == 0x09)
        {
timer_channel_output_pulse_value_config(TIMER2,TIMER_CH_3,dmx_data[3]);
timer_channel_output_pulse_value_config(TIMER2,TIMER_CH_2,dmx_data[4]);
timer_channel_output_pulse_value_config(TIMER2,TIMER_CH_1,dmx_data[5]);
        }
```

```
        dmx_data_idx = 0;
    }
}
```

3.3.3　WiFi

1. WiFi 简介

WiFi 是一种可以将 PC、手持设备(如 PDA、手机)等终端以无线方式互相连接的技术。简单来说就是 IEEE 802.11b 的别称,是由一个名为"无线以太网相容联盟"(Wireless Ethernet Compatibility Alliance,WECA)的组织所发布的业界术语,它是一种短程无线传输技术,能够在数百米范围内支持互联网接入的无线电信号。

WiFi 无线网络包括两种类型的拓扑形式:基础网(Infra)和自组网(Ad-hoc)。网络中包括 AP 设备和 STA(站点)。其中,AP 是无线接入点,是一个无线网络的创建者,是网络的中心节点,一般家庭或办公室使用的无线路由器就是一个 AP。每一个连接到无线网络中的终端(如笔记本电脑、PDA 及其他可以联网的用户设备)都可称为一个 STA。

1) 基于 AP 组建的基础无线网络(Infra)

由 AP 创建,众多 STA 加入所组成的无线网络为基础无线网络,这种类型网络的特点是 AP 是整个网络的中心,网络中所有的通信都通过 AP 来转发完成,拓扑结构如图 3-46 所示。

2) 基于自组网的无线网络(Ad-hoc)

自组网仅由两个及以上 STA 组成,网络中不存在 AP,这种类型的网络是一种松散的结构,网络中所有的 STA 都可以直接通信,拓扑结构如图 3-47 所示。

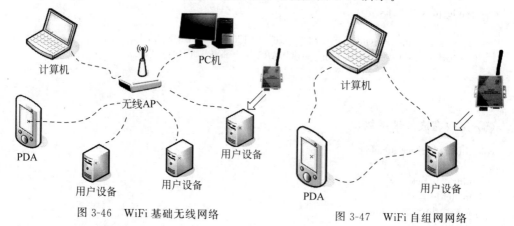

图 3-46　WiFi 基础无线网络　　　　　图 3-47　WiFi 自组网网络

2. WiFi 通信协议

根据实际照明控制需求,自行定义 WiFi 照明控制的通信数据协议,如图 3-48 所示。

地址码1字节		控制码1字节			调光数据1字节
箱号	板号	群/单发	同/异协议	串行端口地址	指令形式	调光数据
5位	3位	1位	1位	3位	3位	8位

图 3-48　WiFi 通信数据协议

其中:

（1）地址码：包括 5 位箱号和 3 位板号，网络内的最大节点数为 32×8。

（2）控制码：包括 1 位群/单发、1 位同/异协议、3 位串行端口地址和 3 位指令形式。控制码默认为 0x00。开发者可以根据实际需要，自行定义控制码。

（3）调光数据：包括 8 位调光信息。00000000 表示 PWM 的占空比为 0％，即为关灯指令；11111 表示 PWM 的占空比为 100％，即为全亮指令；在最亮和最暗之间包含 256 级灯光亮度。

3. 程序实现

（1）主控制器发送数据。

```
void KEY_Send(uint8_t mode)
{
    int i = 0;
    static uint8_t key_up=1;
    if(mode)
    {
        key_up=1;
    }
if(key_up==1&&(gpio_input_bit_get(GPIOB,GPIO_PIN_4)==RESET||gpio_input_bit_get
(GPIOB,GPIO_PIN_5)==RESET||gpio_input_bit_get(GPIOB,GPIO_PIN_6)==RESET||gpio_
input_bit_get(GPIOB,GPIO_PIN_7)==RESET))
    {
        delay_1ms(50);
        key_up=0;
        if(gpio_input_bit_get(GPIOB,GPIO_PIN_4) == RESET)
        {
            value_R += 10;
            command[0] = 0x01;
            command[1] = 0x09;
            command[2] = value_R;
            command[3] = value_G;
            command[4] = value_B;
            command[5] = 0x00;
            for(i = 0; i < 6; i++)
            {
                usart_data_transmit(USART2,(uint8_t)command[i]);
                delay_1ms(1);
            }
        }
        else if(gpio_input_bit_get(GPIOB,GPIO_PIN_5) == RESET)
        {
            value_G += 10;
```

其余代码同上。

```
        }
        else if(gpio_input_bit_get(GPIOB,GPIO_PIN_6) == RESET)
        {
            value_B += 10;
```

其余代码同上。

```
        }
        else if(gpio_input_bit_get(GPIOB,GPIO_PIN_7) == RESET)
        {
            value_R = 0;
            value_G = 0;
```

```
        value_B = 0;
```
其余代码同上。
```
        }
    }
```

（2）WiFi 控制器接收数据处理函数。

```
void USART2_IRQHandler(void)
{
    if(usart_interrupt_flag_get(USART2,USART_INT_FLAG_RBNE) != RESET)
    {
        uint8_t data;
        data = usart_data_receive(USART2);
        if(data == 0x01)
            uart_data_idx = 0;
        uart_data[uart_data_idx++] = data;
        if(uart_data_idx == 5)
        {
            if(uart_data[0] == 0x01 || uart_data[0] == Add_rec)
            {
                if(uart_data[1] == 0x09)
                {
                    value_rec_R = uart_data[2];
                    value_rec_G = uart_data[3];
                    value_rec_B = uart_data[4];
                }
            }
            uart_data_idx = 0;
        }
        usart_interrupt_flag_clear(USART2,USART_INT_FLAG_RBNE);
    }
}
```

3.3.4 ZigBee

1. ZigBee 简介

ZigBee 是一种提供固定、便携或移动设备使用的低复杂度、低成本、低功耗、低速率的无线连接技术。ZigBee 主要适用于自动控制和远程控制领域，可以嵌入在各种设备中，同时支持地理定位功能，非常适合无线传感器网络的通信协议。

ZigBee 通信协议分为 4 层，包括应用层、网络/安全层、介质访问控制层和物理层，如图 3-49 所示。

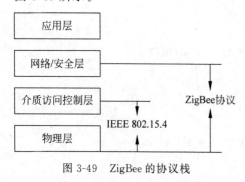

图 3-49　ZigBee 的协议栈

2. ZigBee 通信协议

根据实际照明控制需求，自行定义 ZigBee 照明控制的通信数据协议，如图 3-50 所示。

其中：

（1）地址码：包括 5 位箱号和 3 位板号，网络内的最大节点数为 32×8。

（2）控制码：包括 1 位群/单发、1 位同/异协议、3 位串行端口地址和 3 位指令形式。控制码默

图 3-50　ZigBee 通信数据协议

认为 0x00。开发者可以根据实际需要，自行定义控制码。

（3）调光数据：包括 8 位调光信息。00000000 表示 PWM 的占空比为 0%，即为关灯指令；11111111 表示 PWM 的占空比为 100%，即为全亮指令；在最亮和最暗之间包含 256 级灯光亮度。

3. ZigBee 网络结构

ZigBee 支持星型、树型和网格型等多种拓扑结构，如图 3-51 所示。ZigBee 网络中包括三种节点：协调器、路由器和终端节点。其中协调器和路由器均为全功能设备（FFD），而终端结点选用精简功能设备（RFD）。

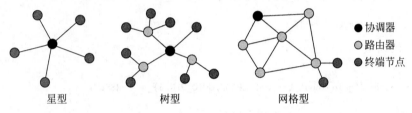

图 3-51　ZigBee 支持的网络拓扑

1）协调器（Coordinator）

一个网络有且只有一个协调器，该设备负责启动网络、配置网络成员地址、维护网络、维护节点的绑定关系表等，需要最多的存储空间和计算能力。

2）路由器（Router）

主要实现扩展网络及路由消息的功能，扩展网络作为网络中的潜在父节点，允许更多的设备接入网络，路由节点只有在树型网络和网格型网络中存在。

3）终端节点（End Device）

不具备成为父节点或路由器的能力，一般作为网络的边缘设备，负责与实际的监控对象相连，这种设备只与自己的父节点主动通信，具体的信息路由则全部交由其父节点及网络中具有路由功能的协调器和路由器完成。

4. 程序实现

（1）主控制器发送数据。

```
void KEY_Send(uint8_t mode)
{
    int i = 0;
    static uint8_t key_up=1;
    if(mode)
    {
        key_up=1;
    }
    if(key_up==1&&(gpio_input_bit_get(GPIOB,GPIO_PIN_4)==RESET||gpio_input_bit_get
(GPIOB,GPIO_PIN_5)==RESET||gpio_input_bit_get(GPIOB,GPIO_PIN_6)==RESET||gpio_
input_bit_get(GPIOB,GPIO_PIN_7)==RESET))
```

```
        {
            delay_1ms(50);
            key_up=0;
            if(gpio_input_bit_get(GPIOB,GPIO_PIN_4) == RESET)
            {
                value_R += 10;
                command[0] = 0x01;
                command[1] = 0x09;
                command[2] = value_R;
                command[3] = value_G;
                command[4] = value_B;
                command[5] = 0x00;
                for(i = 0; i < 6; i++)
                {
                    usart_data_transmit(USART2,(uint8_t)command[i]);
                    delay_1ms(1);
                }
            }
            else if(gpio_input_bit_get(GPIOB,GPIO_PIN_5) == RESET)
            {
                value_G += 10;
```

其余代码同上。

```
            }
            else if(gpio_input_bit_get(GPIOB,GPIO_PIN_6) == RESET)
            {
                value_B += 10;
```

其余代码同上。

```
            }
            else if(gpio_input_bit_get(GPIOB,GPIO_PIN_7) == RESET)
            {
                value_R = 0;
                value_G = 0;
                value_B = 0;
```

其余代码同上。

```
            }
        }
```

(2) ZigBee 控制器接收数据处理函数。

```
void USART2_IRQHandler(void)
{
    if(usart_interrupt_flag_get(USART2,USART_INT_FLAG_RBNE) != RESET)
    {
        uint8_t data;
        data = usart_data_receive(USART2);
        if(data == 0x01)
            uart_data_idx = 0;
        uart_data[uart_data_idx++] = data;
        if(uart_data_idx == 5)
        {
            if(uart_data[0] == 0x01 || uart_data[0] == Add_rec)
            {
                if(uart_data[1] == 0x09 )
                {
```

```
                    value_rec_R = uart_data[2];
                    value_rec_G = uart_data[3];
                    value_rec_B = uart_data[4];
                }
            }
            uart_data_idx = 0;
        }
        usart_interrupt_flag_clear(USART2,USART_INT_FLAG_RBNE);
    }
}
```

3.3.5　RS485

1. RS485 协议介绍

RS485 协议只是一个物理层协议,数据通信协议需要另行规定。硬件通信接口建立后,在进行数据传输的仪表之间需要约定一个数据协议,以使接收端能够解析收到的数据,这便是"协议"的概念。

RS485 通信接口是一个对通信接口硬件的描述,它只需要两根通信线,就可以在两个或两个以上数据进行传输。对于这种数据传输的方式,某些芯片可以是半双工的通信方式,即在某一时刻,某设备只能进行数据的发送或者接收,采用分时复用原则。

它是能进行联网的通信接口。在 RS485 通信网络中一般采用主从通信方式,即一个主机带多个从机。很多情况下,连接 RS485 通信链路时只是简单地用一对双绞线将各个接口的"A""B"端连接起来,即可实现主从设备的数据通信。

RS485 的电气特性:采用差分信号负逻辑,逻辑"1"以两线间的电压差为 $+(2\sim6)$V 表示;逻辑"0"以两线间的电压差为 $-(2\sim6)$V 表示。该电平与 TTL 电平兼容,可方便与 TTL 电路连接。

2. RS485 通信协议格式

根据实际照明控制需求,自行定义 RS485 照明控制的通信数据协议,如图 3-52 所示。

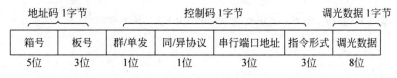

图 3-52　RS485 通信数据协议

其中:

(1)地址码:包括 5 位箱号和 3 位板号,网络内的最大节点数为 32×8。

(2)控制码:包括 1 位群/单发、1 位同/异协议、3 位串行端口地址和 3 位指令形式。控制码默认为 0x00。开发者可以根据实际需要,自行定义控制码。

(3)调光数据:包括 8 位调光信息。00000000 表示 PWM 的占空比为 0%,即为关灯指令;11111111 表示 PWM 的占空比为 100%,即为全亮指令;在最亮和最暗之间包含 256 级灯光亮度。

3. 程序实现

(1)主控制器发送数据。

void KEY_Send(uint8_t mode)

```
{
    int i = 0;
    static uint8_t key_up=1;
    if(mode)
    {
        key_up=1;
    }
    if(key_up==1&&(gpio_input_bit_get(GPIOB,GPIO_PIN_4)==RESET||gpio_input_bit_get
(GPIOB,GPIO_PIN_5)==RESET||gpio_input_bit_get(GPIOB,GPIO_PIN_6)==RESET||gpio_
input_bit_get(GPIOB,GPIO_PIN_7)==RESET))
    {
        delay_1ms(50);
        key_up=0;
        if(gpio_input_bit_get(GPIOB,GPIO_PIN_4) == RESET)
        {
            value_R += 10;
            command[0] = 0x01;
            command[1] = 0x09;
            command[2] = value_R;
            command[3] = value_G;
            command[4] = value_B;
            command[5] = 0x00;
            RS485_TX;
            for(i = 0; i < 6; i++)
            {
                usart_data_transmit(USART2,(uint8_t)command[i]);
                delay_1ms(1);
            }
            RS485_RX;
        }
        else if(gpio_input_bit_get(GPIOB,GPIO_PIN_5) == RESET)
        {
            value_G += 10;
```

其余代码同上。

```
        }
        else if(gpio_input_bit_get(GPIOB,GPIO_PIN_6) == RESET)
        {
            value_B + = 10;
```

其余代码同上。

```
        }
        else if(gpio_input_bit_get(GPIOB,GPIO_PIN_7) == RESET)
        {
            value_R = 0;
            value_G = 0;
            value_B = 0;
```

其余代码同上。

```
        }
    }
```

（2）RS485 控制器接收数据处理函数。

```
void USART2_IRQHandler(void)
{
```

```
if(usart_interrupt_flag_get(USART2,USART_INT_FLAG_RBNE) != RESET)
{
    uint8_t data;
    data = usart_data_receive(USART2);
    if(data == 0x01)
        uart_data_idx = 0;
    uart_data[uart_data_idx++] = data;
    if(uart_data_idx == 5)
    {
        if(uart_data[0] == 0x01 || uart_data[0] == Add_rec)
        {
            if(uart_data[1] == 0x09)
            {
                value_rec_R = uart_data[2];
                value_rec_G = uart_data[3];
                value_rec_B = uart_data[4];
            }
        }
        uart_data_idx = 0;
    }
    usart_interrupt_flag_clear(USART2,USART_INT_FLAG_RBNE);
}
```

3.4　主控制器程序设计

主控制器即智慧照明实验箱中的大板,它支撑 GD32 的基础性实验,可以实现处理器和编程环境的认知实验,同时它还是实验箱级的网关,同时作为 AP+STA,接收综合控制器的控制信息,完成控制大功率 LED 的功能,同时又作为网关实现 WiFi 到其他协议的转换。

3.4.1　流水灯程序设计

1. 流水灯的设计思路

流水灯的概念是一组灯在系统控制下按照设定的顺序和时间发亮和熄灭,形成一定的视觉效果。

本实验平台流水灯的设计思路是让主控制器流水灯模块中的 LED 灯按设定时间依次点亮,然后同时熄灭。之后再依次全部点亮,同时熄灭,循环往复。

2. 流水灯的实现方法

LED 灯即发光二极管,是一种半导体固体发光器件,它是利用固体半导体芯片作为发光材料,当两端加上正向电压,半导体中的载流子发生复合引起光子发射而产生光。

本实验平台流水灯模块的 LED 灯,在电路中其一端已经连接上 3.3V 电源,另一端需要接在 GD32 单片机的 I/O 口。如果要让接在单片机某 I/O 口的 LED 灯点亮,只需让该 I/O 口的电平变为低电平,此时 LED 两端形成正向电压,LED 灯点亮;相反,如果要让接在单片机某 I/O 口的 LED 灯熄灭,只需让该 I/O 口的电平变为高电平,此时 LED 两端没有正向电压,LED 灯熄灭。

本实验平台流水灯的实现方法是利用 GD32 单片机 I/O 口的 8 个引脚分别控制 8 个

LED 灯,通过循环控制 I/O 口的高低电平变换,从而实现 LED1~LED8 流水灯点亮,再同时熄灭,循环往复。灯的点亮间隔时间通过延时函数自定。

在此,我们还应注意一点,由于人眼的视觉暂留效应以及单片机执行每条指令的时间很短,我们在控制 LED 灯亮灭的时候应该延时一段时间,否则我们就看不到"流水"效果了。

3. 程序实现

(1) LED 的 GPIO 端口初始化。

```
void LED_init(void)
    {
rcu_periph_clock_enable(RCU_GPIOB);
rcu_periph_clock_enable(RCU_GPIOC);
gpio_init(GPIOB, GPIO_MODE_OUT_PP,
GPIO_OSPEED_50MHZ, GPIO_PIN_12|GPIO_PIN_13|GPIO_PIN_14|GPIO_PIN_15);
gpio_init(GPIOC, GPIO_MODE_OUT_PP,
GPIO_OSPEED_50MHZ, GPIO_PIN_0|GPIO_PIN_1|GPIO_PIN_2|GPIO_PIN_3);
}
```

(2) 主函数实现。

```
while(1)
{
    gpio_bit_reset(GPIOB,GPIO_PIN_12);
    delay_1ms(1000);
    gpio_bit_reset(GPIOB,GPIO_PIN_13);
    delay_1ms(1000);
```

其他 GPIO 端口同上;

```
    gpio_bit_set(GPIOB,GPIO_PIN_12);
    gpio_bit_set(GPIOB,GPIO_PIN_13);
```

其他 GPIO 端口同上;

```
    delay_1ms(1000);
}
```

3.4.2　按键输入程序设计

1. 按键简介

按键开关指轻触式按键开关,也称为轻触开关,本实验平台所用按键开关如图 3-53 所示。按键开关是一种电子开关,按键按下,此时按键开关内部保持闭合状态,如果撤销压力即手拿开,则在内部弹片作用下按键弹开,按键开关内部断开。

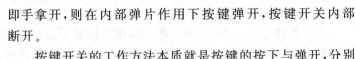

图 3-53　本实验平台所用
按键开关

按键开关的工作方法本质就是按键的按下与弹开,分别对应 GD32 单片机检测 GPIO 输入的两种电平状态。本实验平台按键开关 4 个引脚分为两组,即对角线为一组。按键的一组引脚接到单片机的 I/O 口上,另一组与 GND 连接。当按键按下时,单片机的 I/O 口与 GND 连接,端口电平被拉低。因此通过读取端口电平即可获知按键状态。

当按键按下,按键开关内部闭合,按键电路导通,此时 GD32 单片机检测 GPIO 输入为低电平。按键弹开,按键开关内部断开,按键电路不导通,此时 GD32 单片机检测 GPIO 输入为高电平。单片机内部可以通过检测 GPIO 输入的电平高低来判断按键是否被按下,这个判断结果即可作为单片机的输入信号。

2. 按键消抖

按键这种物理器件本身会有抖动信号,抖动信号指的是在电平由高到低也就是在按键按下时,或者电平由低到高也就是在按键抬起过程中,电平的变化不是立刻发生的,而是经过了一段时间的不稳定期才完成,在这个不稳定期间电平可能会时高时低反复变化,这个不稳定期称之为抖动,抖动期内获取按键信息是不可靠的,要想办法消抖。

消抖就是用硬件或软件方法来尽量减少抖动期对获取按键信息的影响。消抖常用两种思路:第一种是硬件消抖,就是尽量减少抖动时间,方法是通过添加电容等元件来减少抖动;第二种是软件消抖,就是发现一次按键按下或抬起事件后,不立即处理按键,而是延时一段时间(一般 10~20ms,这就是消抖时间)后再次获取按键键值,如果此次获取的信息和上次一样是按下/抬起,那就认为真的按下/抬起了。

3. 程序实现

(1) 按键的 GPIO 端口初始化。

```
void key_init(void)
{
    rcu_periph_clock_enable(RCU_GPIOA);
    gpio_init(GPIOA, GPIO_MODE_IN_FLOATING, GPIO_OSPEED_50MHZ, KEYPORT);
                                                //浮空输入模式
}
```

(2) 按键扫描函数。

```
uint8_t KEY_Scan(void)
{
    if(gpio_input_bit_get(GPIOA,GPIO_PIN_1) == RESET || gpio_input_bit_get(GPIOA,GPIO_PIN_4) == RESET
    || gpio_input_bit_get(GPIOA,GPIO_PIN_5) == RESET || gpio_input_bit_get(GPIOA,GPIO_PIN_6) == RESET
    || gpio_input_bit_get(GPIOA,GPIO_PIN_7) == RESET || gpio_input_bit_get(GPIOA,GPIO_PIN_8) == RESET
    || gpio_input_bit_get(GPIOA,GPIO_PIN_11) == RESET|| gpio_input_bit_get(GPIOA,GPIO_PIN_12) == RESET)      //按键按下
    {
        delay_1ms(20);                          //消抖
        if(gpio_input_bit_get(GPIOA,GPIO_PIN_1) == RESET)return KEY1_PRES;
                                                //KEY1 按下
        else if(gpio_input_bit_get(GPIOA,GPIO_PIN_4) == RESET)return KEY2_PRES;
                                                //KEY2 按下
        //…KEY3,KEY4,KEY5,KEY6,KEY6,KEY7 同上。
    }
    return KEY_UNPRES;                          //无按键按下
}
```

(3) 主函数实现。

```
while(1)
```

```
{
    key = KEY_Scan();
    switch(key)
    {
        case KEY1_PRES:
             gpio_bit_write(GPIOB, GPIO_PIN_12, (bit_status)(1 - gpio_output_bit_get
(GPIOB, GPIO_PIN_12)));                                //翻转 LED2 的输出状态
            while(gpio_input_bit_get(GPIOA,GPIO_PIN_1) == RESET);
            break;
        case KEY2_PRES:
             gpio_bit_write(GPIOB, GPIO_PIN_13, (bit_status)(1 - gpio_output_bit_get
(GPIOB, GPIO_PIN_13)));                                //翻转 LED3 的输出状态
            while(gpio_input_bit_get(GPIOA,GPIO_PIN_4) == RESET);
            break;
        //…KEY3、KEY4、KEY5、KEY6、KEY7、KEY8 按键同上。
        case KEY_UNPRES:
            break;
    }
}
```

3.4.3　数码管显示程序设计

1. 数码管简介

本实验平台采用 4 位共阴极数码管。数码管按发光二极管单元连接方式可分为共阳极数码管和共阴极数码管。共阳极数码管是指将所有发光二极管的阳极接到一起形成公共阳极（COM）的数码管，共阳极数码管在应用时应将公共极 COM 接到＋5V，当某一字段发光二极管的阴极为低电平时，相应字段就点亮，当某一字段发光二极管的阴极为高电平时，相应字段就不亮。共阴极数码管是指将所有发光二极管的阴极接到一起形成公共阴极（COM）的数码管，共阴极数码管在应用时应将公共极 COM 接到地线（GND）上，当某一字段发光二极管的阳极为高电平时，相应字段就点亮，当某一字段发光二极管的阳极为低电平时，相应字段就不亮。

4 位数码管是将 4 个 1 位数码管的 8 个显示笔画"a、b、c、d、e、f、g、dp"的同名端连在一起，另外每个数码管的公共极 COM 增加位选通控制电路，位选通由各自独立的 I/O 线控制。

2. 数码管显示

当单片机输出字形码时，所有数码管都接收到相同的字形码，但究竟哪个数码管会显示出字形，取决于单片机对位选通 COM 端电路的控制，所以我们只要将需要显示的数码管的位选通控制打开，该位就显示出字形，没有位选通的数码管就不会亮。通过分时轮流控制各个数码管的位选通 COM 端，就可使各个数码管轮流受控显示。

在轮流显示过程中，每位数码管的点亮时间为 1～2ms，由于人的视觉暂留现象及发光二极管的余晖效应，尽管各位数码管并非同时点亮，但只要扫描的速度足够快，整体扫描时间（单个数码管点亮时间×数码管个数）小于 10ms，给人的印象就是一组稳定的显示数据，感觉不到闪烁。

3. 程序实现

（1）数码管端口配置函数。

void SMG_UserConfig(void)

```
{
    rcu_periph_clock_enable(RCU_AF);
    rcu_periph_clock_enable(RCU_GPIOA);
    rcu_periph_clock_enable(RCU_GPIOB);
    gpio_pin_remap_config(GPIO_SWJ_SWDPENABLE_REMAP,ENABLE);
    gpio_init(SMG_PORT, GPIO_MODE_OUT_PP, GPIO_OSPEED_50MHZ, SMG_PIN);
    gpio_init(WEI_PORT, GPIO_MODE_OUT_PP, GPIO_OSPEED_50MHZ, WEI_PIN);
    gpio_bit_reset(WEI_PORT, WEI_PIN);
}
```

（2）数码管显示函数。

```
void SMG_Display(uint8_t dat)
{
    gpio_port_write(SMG_PORT,data[dat]);
}
```

（3）主函数实现。

```
while(1)
{
    if(RESET == gpio_input_bit_get(GPIOB,GPIO_PIN_8))
    {
        //延时 20ms 用于消除抖动
        delay_1ms(20);
        if(RESET == gpio_input_bit_get(GPIOB,GPIO_PIN_8))
        {
            for(i = 0; i < 17; i++)
            {
                SMG_Display(i);
                delay_1ms(1000);
            }
            while(RESET == gpio_input_bit_get(GPIOB,GPIO_PIN_8));
        }
    }
}
```

3.4.4　串口通信程序设计

1. 串口简介

串口,也称串行通信接口,是采用串行通信方式的扩展接口。串行接口是指数据一位一位地顺序传送,其特点是通信线路简单,只要一对传输线就可以实现双向通信。

本实验平台的主控制器芯片 GD32F303RCT6 最多支持 3 个 USART 和 2 个 UART,工作频率高达 7.5Mbps,支持异步和时钟同步串行通信模式。USART(USART0、USART1、USART2)和 UART(UART3、UART4)用于在并行和串行接口之间转换数据,数据帧可以通过全双工或半双工,同步或异步的方式进行传输。USART/UART 包括一个可编程波特率发生器,能够分割系统时钟,为 USART 发射机和接收机生成专用时钟。

USART 不仅支持标准的异步收发模式,还实现了一些其他类型的串行数据交换模式,如红外编码规范,SIR,智能卡协议,LIN,半双工以及同步模式。它还支持多处理器通信和 Modem 流控操作(CTS/RTS)。数据帧支持从 LSB 或者 MSB 开始传输。数据位的极性和 TX/RX 引脚都可以灵活配置。

2. 串口通信

串口通信一般是以帧格式传输数据,即一帧一帧传输,每帧包含起始信号、数据信息、停止信息,可能还有校验信息。所以,USART 数据格式一般分为启动位、数据帧、可能的奇偶校验位、停止位,如图 3-54 和图 3-55 所示。

启动位:发送方想要发送串口数据时,必须先发送启动位。

数据帧:发送的数据内容,数据的 bit 位。有 8 位字长和 9 位字长两种。

可能的奇偶校验位:在串口通信中一种简单的检错方式,没有校验位也是可以的。对于偶和奇校验的情况,串口会设置校验位(数据位后面的一位),用一个值确保传输的数据有偶数个或者奇数个逻辑高位。

停止位:停止位不仅表示传输的结束,并且还提供计算机校正时钟同步的机会。

通常情况下,默认选择的 USART 数据格式为 8 位数据字长、无奇偶校验位、1 位停止位。

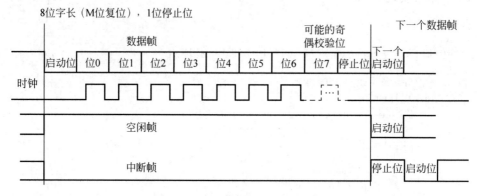

图 3-54 串口数据格式(8 位字长)

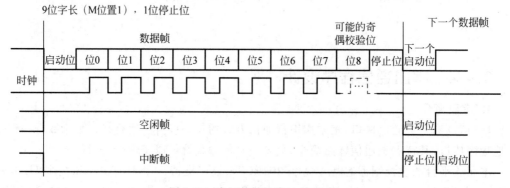

图 3-55 串口数据格式(9 位字长)

两个串口之间的连接方式,如图 3-56 所示。

3. USART 和 UART 的区别

USART:通用同步和异步收发器;

UART:通用异步收发器。

当进行异步通信时,这两者是没有区别的。区别在于 USART 比 UART 多了同步通信功能。

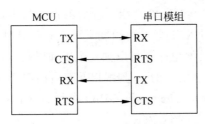

图 3-56　串口连接方式

同步是指发送方发出数据后,等接收方发回响应以后才发下一个数据包的通信方式。
异步是指发送方发出数据后,不等接收方发回响应,就发送下个数据包的通信方式。

4. 程序实现

(1) 串口 1 配置函数。

```
void usart1_init(void)
{
    rcu_periph_clock_enable(RCU_AF);
    rcu_periph_clock_enable(RCU_GPIOA);
    rcu_periph_clock_enable(RCU_USART1);
    gpio_init(GPIOA, GPIO_MODE_AF_PP, GPIO_OSPEED_50MHZ, GPIO_PIN_2);
    gpio_init(GPIOA, GPIO_MODE_IN_FLOATING, GPIO_OSPEED_50MHZ, GPIO_PIN_3);
        usart_deinit(USART1);
        usart_baudrate_set(USART1,115200);
        usart_parity_config(USART1,USART_PM_NONE);
        usart_word_length_set(USART1,USART_WL_8BIT);
        usart_stop_bit_set(USART1,USART_STB_1BIT);
        usart_transmit_config(USART1,USART_TRANSMIT_ENABLE);
        usart_receive_config(USART1,USART_RECEIVE_ENABLE);
        usart_enable(USART1);
}
```

(2) 将 C 语言库函数 printf 重新定向到 USART。

```
int fputc(int ch, FILE * f)
{
    usart_data_transmit(USART1, (uint8_t)ch);
    while (RESET == usart_flag_get(USART1,USART_FLAG_TBE));
                                        //USART_FLAG_TBE 传输数据缓冲区为空
    return ch;
}
```

3.4.5 中断程序设计

1. 中断原理

中断是实现多任务的基础,也是 I/O 的一种基本工作方式。中断包括可屏蔽中断和非屏蔽中端,用户可以使用的是可屏蔽中断。可屏蔽中断包括内部中断和外部中断两种,其中定时器中断和串行口中断属于内部中断。不同的中断由中断服务程序实现其功能。

GD32 集成了嵌套式矢量型中断控制器(nested vectored interrupt controller,NVIC)来实现高效的异常和中断处理。NVIC 实现了低延迟的异常和中断处理,以及电源管理控制。它和内核是紧密耦合的。

EXTI(中断/事件控制器)包括20个相互独立的边沿检测电路并且能够向处理器内核产生中断请求或唤醒事件。EXTI有三种触发类型：上升沿触发、下降沿触发和任意沿触发。EXTI中的每一个边沿检测电路都可以独立配置和屏蔽。

中断触发源包括来自I/O引脚的16根线以及来自内部模块的4根线(包括LVD、RTC闹钟、USB唤醒、以太网唤醒)。通过配置GPIO模块的AFIO_EXTISSx寄存器，所有的GPIO引脚都可以被选作EXTI的触发源。

MCU通过检测中断寄存器来判断是否有外部中断请求。如果有中断产生,则MCU暂停执行正在执行的进程,优先处理中断事件。对不同的中断事件,由于它们的性质不同,对应的处理程序不同。

2. 中断过程

中断过程：中断的完整过程包括中断申请、中断响应、中断处理和中断返回。每一个过程的实现都有对应的寄存器支撑。例如,中断请求寄存器、中断屏蔽寄存器、中断优先级寄存器、中断标志寄存器等。

若出现中断事件,硬件就把它记录在中断请求寄存器中。中断请求寄存器的每一位与一个中断事件对应(通过引脚),当出现某中断事件后,对应的中断寄存器的对应位就被置成"1"。然后根据中断使能寄存器去查看此中断是否被使能,假设没有被使能则不能响应此中断请求;假设中断被使能,然后看该中断优先级,假设此中断正好处于最高级,则MCU为该中断进行服务,即根据中断类型号去中断矢量表找中断服务程序的入口地址,然后去执行,完成中断服务。

在中断服务程序的最后是中断返回指令,即完成中断服务后,返回到调用中断的地方继续执行原来的任务。假设该中断优先级较低,则处于等待状态,直到该中断处于高优先级状态。本实验第一个内容是用按键按下动作模拟中断事件。第二个内容为定时器中断,通过时间计数产生中断。对其他中断事件的模拟处理,可根据各中断事件的性质确定处理原则,制定算法。

3. 外部中断程序实现

(1) 启动外部中断。

```
void Key_ExitConfig()
{
    nvic_irq_enable(EXTI5_9_IRQn, 2U, 0U);
    gpio_exti_source_select(GPIO_PORT_SOURCE_GPIOB, GPIO_PIN_SOURCE_8);
    gpio_exti_source_select(GPIO_PORT_SOURCE_GPIOB, GPIO_PIN_SOURCE_9);
    exti_init(EXTI_8, EXTI_INTERRUPT, EXTI_TRIG_FALLING);       //下降沿触发
    exti_init(EXTI_9, EXTI_INTERRUPT, EXTI_TRIG_FALLING);       //下降沿触发
}
```

(2) 中断实现数字的加减函数。

```
void EXTI5_9_IRQHandler(void)
{
    if(RESET != exti_interrupt_flag_get(EXTI_8))
    {
        i = i + 1;
        exti_interrupt_flag_clear(EXTI_8);
    }
```

```
    if(RESET != exti_interrupt_flag_get(EXTI_9))
    {
        i = i - 1;
            exti_interrupt_flag_clear(EXTI_9);
    }
}
```

4. 定时器中断程序实现

（1）启动定时器中断。

```
void timer_config(void)
{
timer_parameter_struct timer_initpara;
    rcu_periph_clock_enable(RCU_TIMER1);
    timer_deinit(TIMER1);
    timer_initpara.prescaler= 11999;
    timer_initpara.alignedmode= TIMER_COUNTER_EDGE;
    timer_initpara.counterdirection= TIMER_COUNTER_UP;
    timer_initpara.period= 9999;
    timer_initpara.clockdivision= TIMER_CKDIV_DIV1;
    timer_initpara.repetitioncounter = 0;
    timer_init(TIMER1, &timer_initpara);
        //开启定时器中断
timer_interrupt_enable(TIMER1, TIMER_INT_UP);
            nvic_priority_group_set(NVIC_PRIGROUP_PRE1_SUB3);
nvic_irq_enable(TIMER1_IRQn, 0, 1);
    timer_primary_output_config(TIMER1, ENABLE);
    timer_auto_reload_shadow_enable(TIMER1);
    timer_enable(TIMER1);
}
```

（2）定时器计数函数。

```
void TIMER1_IRQHandler()
{
            if(timer_interrupt_flag_get(TIMER1, TIMER_INT_FLAG_UP) != RESET)
            {
                i++;
                if(i > 60)
                    i = 1;
            }
            timer_interrupt_flag_clear(TIMER1, TIMER_INT_FLAG_UP);
}
```

3.4.6 A/D 转换程序设计

1. A/D 转换原理

本实验平台的主控制器采用 GD32F303RCT6 芯片，MCU 自带模数转换器（ADC）。所以不需扩展 AD 专用芯片。

ADC 是一种采用逐次逼近方式的模拟数字转换器。它有 18 个多路复用通道，可以转换来自 16 个外部通道和 2 个内部通道的模拟信号。各种通道的 A/D 转换可以配置成单次、连续、扫描或间断转换模式。ADC 转换的结果可以按照左对齐或右对齐的方式存储在

16 位数据寄存器中。片上的硬件过采样机制可以通过减少来自 MCU 的相关计算负担来提高性能。

2. ADC 主要特征

（1）高性能。

可配置 12 位、10 位、8 位或 6 位分辨率；自校准；可编程采样时间；数据寄存器可配置数据对齐方式；支持规则数据转换的 DMA 请求。

（2）有 18 个多路复用通道。

包括 16 个外部模拟输入通道、1 个内部温度传感通道（VSENSE）和 1 个内部参考电压输入通道（VREFINT）。

（3）两种转换方式。

可以通过软件触发，也可以通过硬件触发。

（4）包含多种转换模式。

有转换单个通道，或者扫描一序列的通道；单次模式，每次触发转换一次选择的输入通道；连续模式，连续转换所选择的输入通道；间断模式；同步模式（适用于具有两个或多个 ADC 的设备）。

（5）可产生中断。

中断的产生方式有规则组转换完成、注入组转换完成和模拟看门狗事件。

（6）过采样。

包括 16 位的数据寄存器；可调整的过采样率，从 2x 到 256x；高达 8 位的可编程数据移位。

（7）ADC 供电要求。

2.6～3.6V，一般电源电压为 3.3V。

3. 程序实现

实验采用 ADC0 通道 1、通道 4 和通道 5 作为 A/D 采集输入端。

（1）AD 转换器配置。

```
void adc_config(void)
{
    adc_deinit(ADC0);
    adc_mode_config(ADC_MODE_FREE);
    adc_data_alignment_config(ADC0, ADC_DATAALIGN_RIGHT);
    adc_special_function_config(ADC0, ADC_SCAN_MODE, ENABLE);
    adc_channel_length_config(ADC0, ADC_INSERTED_CHANNEL, 3);
    adc_inserted_channel_config(ADC0, 0, ADC_CHANNEL_1, ADC_SAMPLETIME_239POINT5);
    adc_inserted_channel_config(ADC0, 1, ADC_CHANNEL_4, ADC_SAMPLETIME_239POINT5);
    adc_inserted_channel_config(ADC0, 2, ADC_CHANNEL_5, ADC_SAMPLETIME_239POINT5);
    adc_external_trigger_config(ADC0, ADC_INSERTED_CHANNEL, ENABLE);
    adc_external_trigger_source_config(ADC0, ADC_INSERTED_CHANNEL, ADC0_1_2_EXTTRIG_INSERTED_NONE);
    adc_enable(ADC0);
    delay_1ms(1);
```

```
        adc_calibration_enable(ADC0);
}
```

（2）PWM 输出控制主控制器 LED 灯的亮度或颜色。

```
dac_value1 = (ADC_IDATA0(ADC0) * 3.3 / 4096);
dac_value2 = (ADC_IDATA1(ADC0) * 3.3 / 4096);
dac_value3 = (ADC_IDATA2(ADC0) * 3.3 / 4096);
timer_channel_output_pulse_value_config(TIMER2,TIMER_CH_3,dac_value1 * 100);
timer_channel_output_pulse_value_config(TIMER2,TIMER_CH_2,dac_value2 * 100);timer_channel
_output_pulse_value_config(TIMER2,TIMER_CH_1,dac_value3 * 100);
```

3.5 局域网网关程序设计

3.5.1 单控程序设计

1. LED 单灯控制简介

本开发平台支持 DALI、DMX12、RS485、ZigBee 和 WiFi 五种通信协议，能够实现主控制器通过某个协议对相应中控制器进行控制的功能。

LED 单灯控制是指主控制器对单个中控制器的 LED 灯的控制，将主控制器的按键信息发送给中控制器。中控制器需要设置为接收模式，中控制器根据接收的数据，控制 RGB LED 灯的开关、亮度和颜色。每按下一次主控制器的通信按键，发送一次数据，并且数据递加 10。

LED 单灯控制结构如图 3-57 所示。

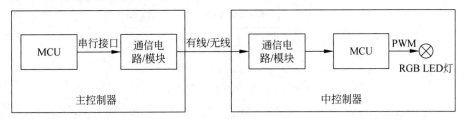

图 3-57　LED 单灯控制结构

2. LED 单灯控制流程

1）LED 单灯控制过程

首先，通过按下主控制器的按键，使主控制器的 MCU 发送相应的控制信息，经过 DALI、DMX12、RS485、ZigBee 和 WiFi 五种通信方式中的某一通信模块传输。然后，中控制器设置为接收模式，中控制器通过对应的通信模块接收该控制信息，经过中控制器的 MCU 处理后，实现对中控制器上 RGB LED 灯的开关、亮度和颜色控制。

2）LED 单灯控制程序流程

通过按键选择灯的颜色和亮度，每按下一次按键，亮度增加 10。LED 单灯控制程序流程如图 3-58 所示。

3. 数据格式

根据实际照明控制需求，自行定义照明控制的通信数据协议，如图 3-59 所示。

其中：

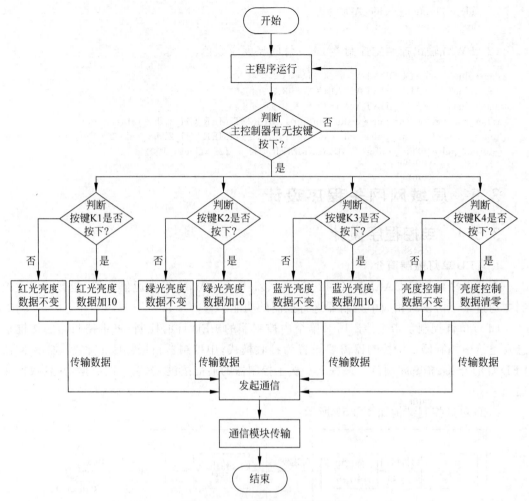

图 3-58   LED 单灯控制程序流程

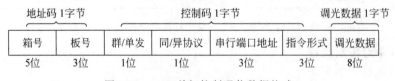

地址码 1字节		控制码 1字节				调光数据 1字节
箱号	板号	群/单发	同/异协议	串行端口地址	指令形式	调光数据
5位	3位	1位	1位	3位	3位	8位

图 3-59   LED 单灯控制通信数据格式

（1）地址码：包括 5 位箱号和 3 位板号，网络内的最大节点数为 32×8。

（2）控制码：包括 1 位群/单发、1 位同/异协议、3 位串行端口地址和 3 位指令形式。控制码默认为 0x00。开发者可以根据实际需要，自行定义控制码。

（3）调光数据：包括 8 位调光信息。00000000 表示 PWM 的占空比为 0%，即为关灯指令；11111111 表示 PWM 的占空比为 100%，即为全亮指令；在最亮和最暗之间包含 256 级灯光亮度。

4．程序关键代码

（1）主控制器发送数据函数，代码如下所示。

void KEY_Send()

```
{
    if(gpio_input_bit_get(GPIOB, GPIO_PIN_4) == RESET
||gpio_input_bit_get(GPIOB, GPIO_PIN_5) == RESET
||gpio_input_bit_get(GPIOB, GPIO_PIN_6) == RESET
||gpio_input_bit_get(GPIOB, GPIO_PIN_7) == RESET)        //有按键按下
    {
        delay_1ms(50);                                   //消抖
        if(gpio_input_bit_get(GPIOB, GPIO_PIN_4) == RESET)
        {
            value_R += 10;                               //K1 按下,红光数据加 10
            command[0] = 0x01;
            command[1] = 0x09;
            command[2] = value_R;
            command[3] = value_G;
            command[4] = value_B;
            command[5] = 0x00;                           //结束标志
            RS485_TX;
            for(i = 0; i < 6; i++)
            {
                usart_data_transmit(USART2, (uint8_t)command[i]);
                delay_1ms(1);
            }
            RS485_RX;
        }
        else if(gpio_input_bit_get(GPIOB, GPIO_PIN_5) == RESET)
        {
            value_G += 10;                               //K2 按下,绿光数据加 10
            …;                                           //其他代码同上
        }
        else if(gpio_input_bit_get(GPIOB, GPIO_PIN_6) == RESET)
        {
            value_B += 10;                               //K3 按下,蓝光数据加 10
            …;                                           //其他代码同上
        }
        else if(gpio_input_bit_get(GPIOB, GPIO_PIN_7) == RESET)
        {
            value_R = 0; value_G = 0; value_B = 0;       //K4 按下,数据清零
            …;                                           //其他代码同上
        }
    }
}
```

(2) 中控制器接收数据函数,代码如下所示。

```
void USART2_IRQHandler(void)
{
    if(usart_interrupt_flag_get(USART2, USART_INT_FLAG_RBNE) != RESET)
    {
        uint8_t data;
        data = usart_data_receive(USART2);
        if(data == 0x01)
            uart_data_idx = 0;
        uart_data[uart_data_idx++] = data;
        if(uart_data_idx == 5)
        {
```

```
            if(uart_data[0] == 0x01)
            {
                if(uart_data[1] == 0x09)
                {
                    value_rec_R = uart_data[2];
                    value_rec_G = uart_data[3];
                    value_rec_B = uart_data[4];
                }
            }
            uart_data_idx = 0;
        }
        usart_interrupt_flag_clear(USART2, USART_INT_FLAG_RBNE);
    }
}
```

3.5.2　群组控制程序设计

1. LED 群组控制简介

本开发平台支持 DALI、DMX12、RS485、ZigBee 和 WiFi 五种通信协议,能够实现主控制器通过某个协议对相应中控制器进行控制的功能。

LED 群组控制,即设置主控板为集控中心,实现对同种协议多个板子的 LED 灯的调光调色控制。

将主控制器设置为主设备,中控制器设置为从设备,为多个中控制器分配不同的从地址。主控制器发出控制指令,各个中控制器接收并执行指令,通过各个中控板的 RGB LED 灯显示被控效果,进而实现基于同种协议的 LED 群组控制的目的。

LED 群组控制中,主控制器和中控制器的通信结构如图 3-60 所示。

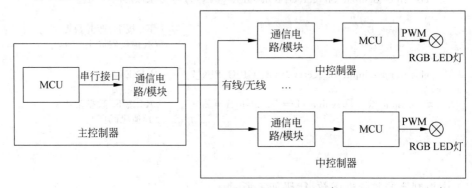

图 3-60　LED 群组控制中的通信结构

2. LED 群组控制流程

1) LED 群组控制过程

LED 群组控制是指主控制器对多个中控制器的 LED 灯的控制,将主控制器的按键信息发送给多个中控制器。中控制器设置为接收模式,多个中控制器设置不同的地址值,中控制器根据接收的数据,控制 RGB LED 灯的开关、亮度和颜色。

首先,通过按下主控制器的按键,使主控制器的 MCU 发送相应的控制信息,经过 DALI、DMX12、RS485、ZigBee 和 WiFi 五种通信方式中的某一通信模块传输。然后,多个中控制器设置为接收模式并分配不同的地址,多个中控制器通过对应的通信模块接收该控

制信息,经过 MCU 处理后,实现对板子上 RGB LED 灯的控制。

2) LED 群组控制程序流程

通过按键选择灯的颜色和亮度,每按下一次按键,亮度增加 10。LED 群组控制程序流程如图 3-61 所示。

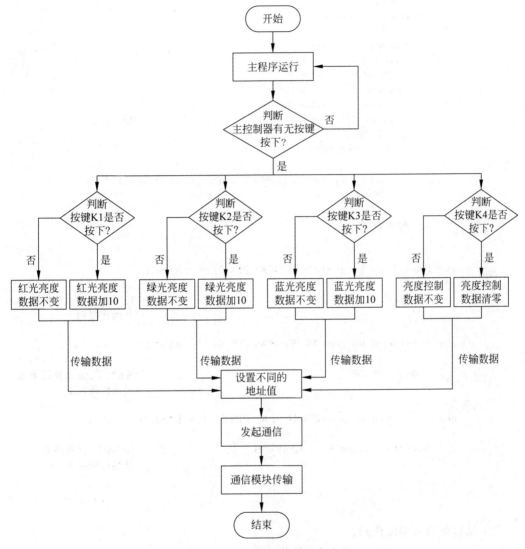

图 3-61 LED 群组控制程序流程

3. 程序关键代码

(1) 主控制器发送数据函数,代码如下所示。

```
int add = 0;
void KEY_Send()
{
    if(gpio_input_bit_get(GPIOB, GPIO_PIN_4) == RESET
||gpio_input_bit_get(GPIOB, GPIO_PIN_5) == RESET
||gpio_input_bit_get(GPIOB, GPIO_PIN_6) == RESET
||gpio_input_bit_get(GPIOB, GPIO_PIN_7) == RESET)          //按键按下
```

```
    {
        delay_1ms(50);                                          //消抖
        if(gpio_input_bit_get(GPIOB,GPIO_PIN_4) == RESET)
        {
            value_R += 10;                                      //K1 按下,红光数据加 10
            //群组发送
            for( add = 1 ; add < 3 ;add++)
            {
                command[0] = add;
                command[1] = 0x09;
                command[2] = value_R;
                command[3] = value_G;
                command[4] = value_B;
                command[5] = 0x00;                              //结束标志
                RS485_TX;
                for(i = 0; i < 6; i++)
                {
                    usart_data_transmit(USART2,(uint8_t)command[i]);
                    delay_1ms(1);
                }
                RS485_RX;
            }
        }
        else if(gpio_input_bit_get(GPIOB,GPIO_PIN_5) == RESET)
        {
            value_G += 10;                                      //K2 按下,绿光数据加 10
            … ;                                                 //其他代码同上
        }
        else if(gpio_input_bit_get(GPIOB,GPIO_PIN_6) == RESET)
        {
            value_B += 10;                                      //K3 按下,蓝光数据加 10
            … ;                                                 //其他代码同上
        }
        else if(gpio_input_bit_get(GPIOB,GPIO_PIN_7) == RESET)
        {
            value_R = 0;value_G = 0;value_B = 0;                //K4 按下,数据清零
            … ;                                                 //其他代码同上
        }
    }
}
```

（2）从设备设置地址代码。

```
void KeyService(void)
{
    if(gpio_input_bit_get(GPIOB,GPIO_PIN_4) == RESET)
    {
        if(menu_One == 4 && menu_Two == 1 && flag == receive)
        {
            Group_rec +=1;
        }
        if(menu_One == 4 && menu_Two == 2 && flag == receive)
        {
            Add_rec +=1;
        }
    }
```

（3）从设备接收数据代码。

```
void USART2_IRQHandler(void)
{
    if(usart_interrupt_flag_get(USART2,USART_INT_FLAG_RBNE) != RESET)
    {
        uint8_t data;
        data = usart_data_receive(USART2);
        if(data == 0x01)
            uart_data_idx = 0;
        uart_data[uart_data_idx++] = data;
        if(uart_data_idx == 5)
        {
            if(uart_data[0] == 0x01 || uart_data[0] == Add_rec)
            {
                if(uart_data[1] == 0x09)
                {
                    value_rec_R = uart_data[2];
                    value_rec_G = uart_data[3];
                    value_rec_B = uart_data[4];
                }
            }
            uart_data_idx = 0;
        }
        usart_interrupt_flag_clear(USART2,USART_INT_FLAG_RBNE);
    }
}
```

3.5.3 网络融合程序设计

1. 网络融合简介

网络融合是指多个网络协议可以相互通信,实现数据互通和信息融合,在复杂环境下对于灯光的调光调色做出更精准的控制。主控制器在网络融合实验中起到网关的功能,即实现不同协议的相互转换。本实验箱支持 RS485、WiFi 和 ZigBee 三种协议的融合。主控制器对这 3 个中控制器进行控制,将主控制器的按键信息发送给多个中控制器,中控制器设置为接收模式,中控制器根据接收的数据控制 RGB LED 灯的开关、亮度和颜色,能够通过多个中控制器上的 RGB LED 灯显示控制效果。

各种中控制器支持的通信协议原理、硬件设计均在前面相关章节中介绍,可参考。不同的通信协议拓扑结构和包格式均符合 OSI 标准。由于 DALI 和 DMX512 具有明确的协议标准,与其他协议不兼容,因此,多网络融合实验只包括 RS485、ZigBee 和 WiFi 三种协议。本开发平台制定的协议格式均是对用户数据的定义,如图 3-62 所示。

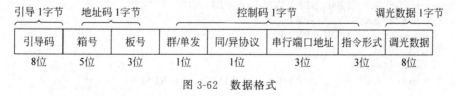

图 3-62　数据格式

2. 多网络融合实验网络构建

首先,通过杜邦线连接主控制器上的串口和 RS485、WiFi、ZigBee 这三个通信模块,实现主控制器的 MCU 能够通过以上通信模块发送信息。

其次,连接主控制器和中控制器上对应的通信模块,使它们能够正常通信。RS485 是有线通信方式,需要用杜邦线连接主控制器和中控制器上的 RS485 模块,WiFi 和 ZigBee 是无线通信方式,需要单独配置,详情见"WiFi 模块配置方法"和"ZigBee 模块配置方法"。

最后,按下主控制器上的按键,发送控制信息,通过主控制器上的通信模块进行传输。各个中控制器设置为接收模式,通过相应的通信模块接收主控制器的控制信息。

多网络融合实验网络构建如图 3-63 所示,图中主控制器即实验箱内的总控制器,起到网关的功能,每个通信协议模块通过处理器的串口与主控制器相连,实现不同协议间的通信。

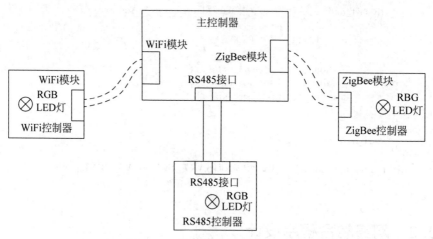

图 3-63　多网络融合实验网络构建

3. 网络融合控制流程

首先,通过按下主控制器的按键,使主控制器的 MCU 发送相应的 RGB LED 灯的颜色、亮度和开关的控制信息,经过 RS485、ZigBee 和 WiFi 三种通信方式传输。然后,多个中控制器设置为接收模式,中控制器通过对应的通信模块接收该控制信息,该控制信息经过中控制器 MCU 的解析及处理后,实现对板子上 RGB LED 灯的控制。

通过按键选择灯的颜色和亮度。网络融合控制流程如图 3-64 所示。

4. 程序关键代码

```
void key_data_send(uint8_t mode)
{
    int i = 0;
    if(gpio_input_bit_get(GPIOB,GPIO_PIN_4)==RESET
||gpio_input_bit_get(GPIOB,GPIO_PIN_5)==RESET
||gpio_input_bit_get(GPIOB,GPIO_PIN_6)==RESET
||gpio_input_bit_get(GPIOB,GPIO_PIN_7)==RESET))
    {
        delay_1ms(50);
        if(gpio_input_bit_get(GPIOB,GPIO_PIN_4) == RESET)
        {
            valueR += 10;                              //K1 按下,红光数据加 10
            command[0] = 0x01;
            command[1] = 0x09;
```

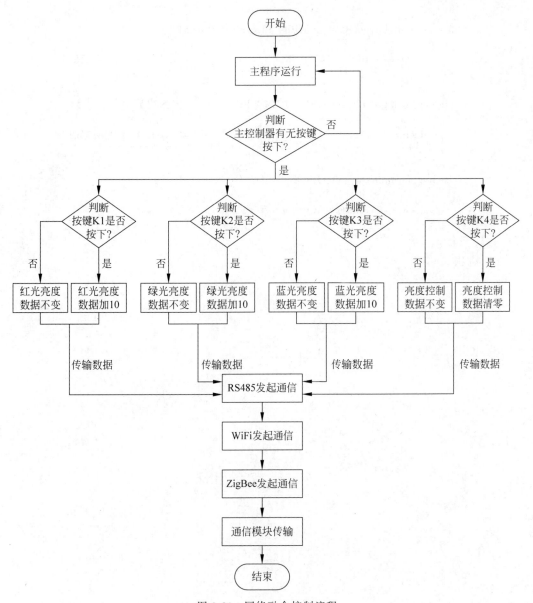

图 3-64　网络融合控制流程

```
command[2] = valueR;
command[3] = valueG;
command[4] = valueB;
command[5] = 0x00;
RS485_TX;
for(i = 0; i < 6; i++)
{
    usart_data_transmit(USART1,(uint8_t)command[i]);
    usart_data_transmit(USART0,(uint8_t)command[i]);
    usart_data_transmit(USART2,(uint8_t)command[i]);
    delay_1ms(1);
}
RS485_RX;
```

```
        }
        if(gpio_input_bit_get(GPIOB,GPIO_PIN_5) == RESET)
        {
            valueG += 10;                              //K2 按下,绿光数据加 10
            … ;                                         //其他代码同上
        }
        else if(gpio_input_bit_get(GPIOB,GPIO_PIN_6) == RESET)
        {
            valueB += 10;                              //K3 按下,蓝光数据加 10
            … ;                                         //其他代码同上
        }
        else if(gpio_input_bit_get(GPIOB,GPIO_PIN_7) == RESET)
        {
            valueR = 0;valueG = 0;valueB = 0;          //K4 按下,数据清零
            … ;                                         //其他代码同上
        }
    }
}
```

## 第 4 章

综合控制器的设计

为了实现智慧照明的创新实践,让学生掌握结合工业互联网新技术的更多的智慧实现方案,开发了智慧照明的综合控制器,主要实现对多个实验箱的控制,包括单控和集控的功能。综合控制器属于工业互联网平台的边缘层,其功能主要为实现设备管理、资源管理和运维管理,如图 4-1 所示。综合控制器具有网关和路由的功能。外网进入实验室后,交换机与综合控制器通过以太网链接,综合控制器与实验箱通过 WiFi 协议进行通信。智慧照明平台的网关有两个,一个是实验箱内网的局域网网关,另一个为边缘网关,即综合控制器。局域网网关主要实现实验箱内各个协议的转换,完成实验箱级的通信,包括箱内的不同网络协议模块之间的通信,同时可以实现各个实验箱之间不同协议模块的通信功能。边缘网关主要实现实验箱与外网的通信,作为实验室级的网络通信统一出口,实验箱通过 WiFi 与边缘网关通信,外网网关通过以太网或 4G 与外网服务器通信。

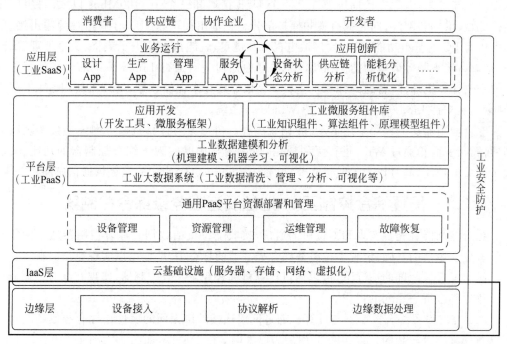

图 4-1　工业互联网平台边缘层

网关是一个网络连接到另一个网络的"关口"。按照不同的分类标准,可以分为协议网关、应用网关和安全网关。协议网关通常在使用不同协议的网络区域间进行协议交换。应用网关是在使用不同数据格式间翻译数据的系统。安全网关具有独特的保护作用,其范围从简单的协议级过滤到复杂的应用级过滤。

网关中运用最多的协议是 TCP/IP,两个网络要想通信成功,它们的 IP 地址必须在同一个网段下,只有设置好网关的 IP 地址,TCP/IP 才能实现不同网络之间的相互通信。

4.1 本平台的局域网网关

局域网网关即实验箱级网关,与本地总控制器即主控板共用一个处理器芯片,主要实现不同通信协议的协议转换,并根据各个通信协议板(本地控制器即中控板)的地址,实现不同协议中控板之间的信息互通。例如,实现 ZigBee 中控板控制 WiFi 中控板的 LED 的颜色和亮度,同时可以实现一个通信中控板控制其他协议中控板的 LED 的功能,例如,RS485 同时控制 WiFi、ZigBee、DMX512 中控板的 LED 灯。其硬件设计见 2.5 节,软件设计见 3.5 节。

4.2 综合控制器

综合控制器主要实现对大功率 LED 灯的远程控制功能,同时起到连接外网的网关功能。接收远端 Web 或 App 的控制指令,例如单控、集控、调光、调色等指令,进行解析,然后发送给相应的单个或多个实验箱,由实验箱的主控板控制本实验箱的大功率 LED 灯。

综合控制器的处理器采用树莓派 4,它是一款基于 ARM 的微型电脑,以 SD/MicroSD卡为内存和硬盘,卡片主板周围有 1/2/4 个 USB 接口和一个 10/100Mbps 以太网接口,可连接键盘、鼠标和网线,同时拥有视频模拟信号电视输出接口和 HDMI 高清视频输出接口,具备所有 PC 的基本功能,只需要接通电视机和键盘,就能执行如电子表格、文字处理、玩游戏、播放高清视频等诸多功能。树莓派就像其他任何一台运行 Linux 系统的台式计算机或者便携式计算机那样,普通的计算机主板都是依靠硬盘来存储数据,树莓派使用 SD 卡作为"硬盘",它支持 Linux 系统,同时支持 Windows 系统。

综合控制器功能程序采用 Python 语言编程。树莓派与计算机通过网线连接实现以太网通信,与实验箱通过 WiFi 进行无线通信,所以树莓派既实现了综合控制器的功能,又实现了网关的功能,同时作为无线接入节点(access point,AP)为实验箱提供通信链路。

4.2.1 配置综合控制器 IP 地址及远程登录综合控制器

综合控制器首先要实现和上位机的通信,接收上位机的数据。综合控制器通过网线和上位机建立通信的基础,设置上位机和综合控制器的静态 IP 地址可以实现通信。在综合控制器没有配置显示屏的情况下,可以通过计算机远程登录综合控制器,实现在综合控制器上运行程序和进行一系列的操作。

(1)需要设置综合控制器与计算机通过网线连接的以太网的属性。综合控制器与计算机通过网线连接产生的是以太网 3,然后为以太网 3 配置属性,如图 4-2、图 4-3 所示。

在图 4-2 中找到 Internet 协议版本 4,找到属性选项,单击"属性"按钮跳到如图 4-3 所示界面,选中"使用下面的 IP 地址"单选按钮,然后定义 IP 地址为 192.168.200.100(通信程

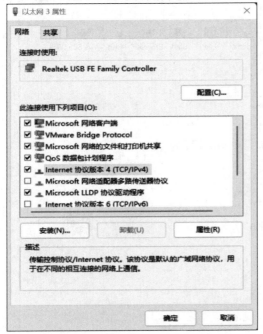

图 4-2 "以太网 3 属性"对话框

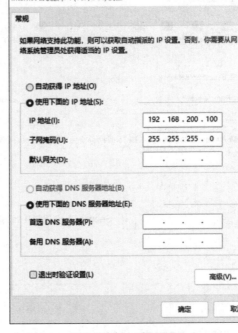

图 4-3 属性设置

序的地址是 192.168.200.100,若要改地址,程序对应的地址也需要改动),子网掩码默认是 255.255.255.0;选中"使用下面的 DNS 服务器地址"单选按钮,不用填写任何内容;配置完成以后单击"确定"按钮即可,配置成功。

(2) 配置综合控制器的静态 IP 地址。配置综合控制器静态 IP 地址最简单的办法是在下载好的综合控制器的镜像中有一个文件,我们可以通过读取 SD 卡,找到一个名为 cmdline.txt 的文件,在最前方加上 ip＝192.168.200.x,加上以后一定要打一个空格,然后保存退出,这样静态 IP 地址就设置完成,在配置综合控制器静态 IP 地址时,综合控制器与计算机以太网 3 配置的 IP 地址应在同一网段下,即综合控制器的 IP 地址要为 192.168.200.x,x 可以为任意值。

(3) 远程登录综合控制器。在远程登录综合控制器之前,要在 SD 卡的根目录下加入一个名为"ssh"的文本文档。创建办法是先创建一个文本文档,然后重命名,要把文本文档的扩展名.txt,这是为了以后能通过 MobaXterm 来远程连接综合控制器。设置完成后通过网线把综合控制器与计算机连接起来,通过 MobaXterm 来远程登录综合控制器。下载 MobaXterm 后运行软件,界面左上角有一个 Session 按钮,单击后会出现一个界面,可选择通过什么方式来远程连接设备,这里选择 SSH,如图 4-4 所示。

(4) 图 4-4 中,Remote host 代表的是综合控制器的静态地址,Specify username 代表的是综合控制器的名字,Port 代表端口号是 22,这个是不变的,单击后需要输入综合控制器的密码。综合控制器没有初始名字和密码,需要在烧录镜像的时候设置。设置好静态地址、名称与端口以后单击 OK 按钮就会出现一个如图 4-5 所示界面,就可以输入一系列命令来进行操作了。

这是一种没有图像界面的登录方式。还有一种登录方式是登录进去后,有类似于计算

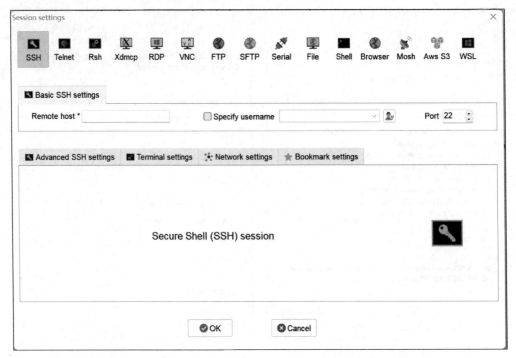

图 4-4　SSH 连接界面

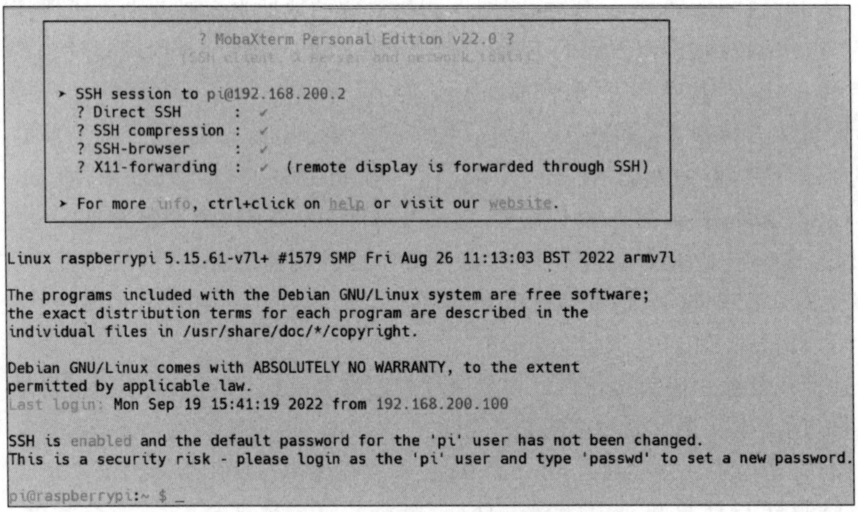

图 4-5　SSH 成功登录界面

机桌面形式的桌面显示,即 VNC Viewer 来登录,登录之前需要开启 VNC 服务和设置分辨率。操作方法:通过第一种方式连接上综合控制器,输入命令 sudo raspi-config 后,找到图 4-6 那一行按 Enter 键,进入图 4-7 那一行,再按 Enter 键,然后通过小键盘上的左右键盘选择最下方的 Yes 和 OK。

配置好 VNC 后就要设置桌面的分辨率,步骤如图 4-7~图 4-9 所示。

单击 VNC Resolution 后选择分辨率为 1024×768,设置好以后退出,重启综合控制器,下载 VNC Viewer 软件,下载后打开的界面如图 4-10 所示。

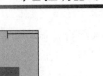

```
┌─┤ Raspberry Pi Software Configuration Tool (raspi-config) ├─┐

  1 System Options        Configure system settings
  2 Display Options       Configure display settings
  3 Interface Options     Configure connections to peripherals
  4 Performance Options   Configure performance settings
  5 Localisation Options  Configure language and regional settings
  6 Advanced Options      Configure advanced settings
  8 Update                Update this tool to the latest version
  9 About raspi-config    Information about this configuration tool




        <Select>                                    <Finish>
```

图 4-6　命令执行后的界面

```
┌─┤ Raspberry Pi Software Configuration Tool (raspi-config) ├─┐

  I1 Legacy Camera  Enable/disable legacy camera support
  I2 SSH            Enable/disable remote command line access using SSH
  I3 VNC            Enable/disable graphical remote access using RealVNC
  I4 SPI            Enable/disable automatic loading of SPI kernel module
  I5 I2C            Enable/disable automatic loading of I2C kernel module
  I6 Serial Port    Enable/disable shell messages on the serial connection
  I7 1-Wire         Enable/disable one-wire interface
  I8 Remote GPIO    Enable/disable remote access to GPIO pins




        <Select>                                    <Back>
```

图 4-7　设置 VNC 登录

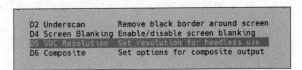

图 4-8　设置 VNC 登录的分辨率

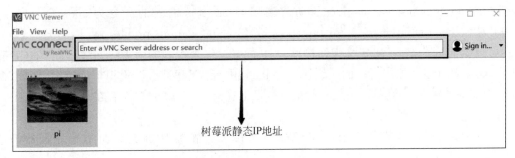

图 4-9　VNC 登录分辨率设置界面

图 4-10　VNC 登录界面

输入综合控制器静态 IP 地址后会出现输入用户名和密码的界面,用户名和密码与前面提到的下载镜像时定义的用户名和密码一致,输入完成以后进入如图 4-11 所示图形界面的桌面,可以通过综合控制器里的终端来输入命令进行操作,也可以通过右上角的 WiFi 图标与外界的网络连接。

图 4-11　终端和 WiFi

4.2.2　综合控制器 AP 模式配置

实验箱主控板通过 WiFi 与综合控制器进行通信,实验箱没有接有线以太网,也没有路由,即没有提供 WiFi 信号的设备,因此本系统由综合控制器通过 AP(无线接入节点)提供 WiFi 信号。

1. 配置 AP 模式前的准备工作

综合控制器在没配置 AP 模式之前是可以连接无线外网的,在配置 AP 模式的过程中综合控制器可联网下载和更新综合控制器里的资源包。配置综合控制器 AP 模式之前建议使用本地配置,配置前确保网线和 WiFi 功能均能正常上网,且没有设置静态 IP 地址。

2. 配置综合控制器 AP 模式步骤

(1) 安装 AP 和管理软件。安装 hostapd 工具,用来配置 AP 参数,终端上命令行输入的命令为 sudo apt install hostapd;然后再启用 AP 服务,并将其设置在综合控制器启动时启动,命令行输入的命令为 sudo systemctl unmask hostapd 和 sudo systemctl enable hostapd;并且为了向无线客户端提供网络管理服务(DNS、DHCP),综合控制器需要安装 dnsmasq,命令行需要输入的命令为 sudo apt install dnsmasq;最后安装 netfilter-persistent 及其插件 iptables-persistent,来配置防火墙规则,命令行输入的命令为 sudo DEBIAN_FRONTEND=noninteractive apt install -y netfilter-persistent iptables-persistent。

(2) 设置网络路由器,定义无线接口的 IP 配置。综合控制器为无线网络运行 DHCP 服务器,这需要对综合控制器中的无线接口(wlan0)进行静态配置,设置一个静态 IP 地址,命令行中需要先输入命令:sudo nano /etc/dhcpcd.conf,打开这个文件后在末尾添加图 4-12 所示的内容。

Static ip_address 是配置的综合控制器 AP 模式的静态 IP 地址,/24 代表子网掩码是 255.255.255.0。

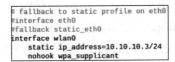

图 4-12　设置综合控制器静态 IP 地址

为无线网配置 DHCP 和 DNS 服务，命令行输入命令 sudo nano /etc/dnsmasq.conf，并在该文件中添加如图 4-13 所示内容。

```
# 在wlan0接口上服务
interface=wlan0
# DHCP的地址池，这里4-28，也就是同时25个设备连接热点
dhcp-range=10.10.10.4,10.10.10.28,255.255.255.0,24h
# DNS的域名
domain=wlan
# 这个路由器的别名（连接热点的设备可以通过gw.wlan来访问树莓派）
address=/gw.wlan/10.10.10.3
```

图 4-13　配置 DHCP 和 DNS

配置 AP 模式软件（核心），创建位于/etc/hostapd/的配置文件 hostapd.conf，然后在 hostapd.conf 中添加参数，命令行输入命令为 sudo nano/etc /hostapd/hostapd.conf，在里面添加的内容如图 4-14 所示。

```
country_code=CN          国家码，中国是CN
interface=wlan0
ssid=PI                  WiFi名称
hw_mode=g                2.4G频段
channel=1                手动指定信道1
macaddr_acl=0
auth_algs=1
ignore_broadcast_ssid=0
wpa=2
wpa_passphrase=123456789  WiFi密码
wpa_key_mgmt=WPA-PSK      密钥类型
wpa_pairwise=TKIP         加密方式
rsn_pairwise=CCMP
```

图 4-14　配置综合控制器 AP 模式各项数值

重启系统，验证是否配置成功，用手机或者 PC 来连接。从图 4-14 可以看出，设置的 WiFi 名称是 PI，通过 PC 可以看到该 WiFi 名称并且能连接上 WiFi，即代表配置成功。

4.3　主控制器 WiFi 通信角色的配置

实验箱的主控制器 WiFi 具有两个角色，即 AP 和 STA。AP 即 Server 角色，是无线网络的创造者，网络的中心节点，例如路由器。STA 即 Client 角色，站点（station），任何一个接入无线 AP 的设备都是一个 STA，例如带有无线网卡的笔记本电脑、带有无线网卡的手机等。还有一种是 PROMISCUOUS（混杂模式），即抓包模式，手机 WiFi 发出的数据包，通过家里的路由器转发时，WiFi 设备必须要在混杂模式下才能接收这些数据包。

实验箱主控制器一方面要作为 AP 模式创造一个无线网络，另一方面它又是综合控制器的客户端，接收综合控制器发来的控制信息，所以实验箱主控制器需要 AP 和 STA 两种工作模式。

本次设计需要的是综合控制器能控制多个实验箱，综合控制器为 AP 模式（Client 端），主控制器是 STA 模式（Server 端），综合控制器和主控制器通过 WiFi 进行通信。两个 WiFi 模块能通信的前提是两个 WiFi 模块的 IP 地址在同一个网段，综合控制器的 IP 地址是

10.10.10.3,那实验箱主控制器的 WiFi 模块的 IP 地址也应该为 10.10.10.x,x 为任意值。为了确保综合控制器能与主控制器的 USR-C216 模块通信,在综合控制器的程序中定义了综合控制器能传递的数据的 IP 地址,用"100"+箱号作为 IP 地址的 x,如图 4-15 所示。

```
number = 25

for ip in range(1,  number + 1):
    _thread.start_new_thread(connect_tcp_server, (f"10.10.10.{100 + int(ip)}", 8899, addr))
```

图 4-15　设置 25 个实验箱的静态 IP 地址

图 4-15 中的 number 是指实验箱的数量,这里取 number 为 25。下面的程序是多线程监听 25 个主控制器 WiFi 模块的信息并且会生成 25 个静态 IP 地址,在配置主控制器 STA 模式的时候需要把这 25 个地址分别定义给 25 个主控制器的 WiFi 模块,这样主控制器的 WiFi 模块可以收到综合控制器发出的数据。如果实验箱号是 1,那么综合控制器就会连接到 IP 地址是 10.10.10.101 的 WiFi 模块,只要给主控制器的 STA 模式配置相对应的地址,那么综合控制器就可以与主控制器的 WiFi 模块通信,进行数据传递。主控制器 WiFi 模块要和中控制器(通信板)WiFi 模块进行数据传递时,主控制器则要配置成 AP 模式。

实验箱主控制器通过 WiFi 模块接收综合控制器发来的控制信息,根据协议对控制信息进行解析,再根据需求直接发给中控制器 WiFi 模块或转换为 ZigBee、RS485、DMX512 协议的数据格式,实现对其他通信中控制器的 LED 灯的控制。

4.3.1　配置主控制器 AP+STA 模式步骤

本节以 1 号实验箱为例介绍如何配置主控制器的 AP+STA 模式。

(1) WiFi 模块(本实验箱采用的是 USR-C216 模块)在没配置之前是 AP 模式,用 PC 连上 USR-C216 模块发出的名为 USR-C216 的无线网络,如果计算机找不到名为 USR-C216 的无线,则需要恢复主板 WiFi 模块的出厂设置(格式化)再进行操作,具体恢复方法请联系实验指导老师。连接以后打开浏览器,搜索网址 10.10.100.254 可以进入一个界面,如图 4-16 所示。用户名和密码都是 admin。

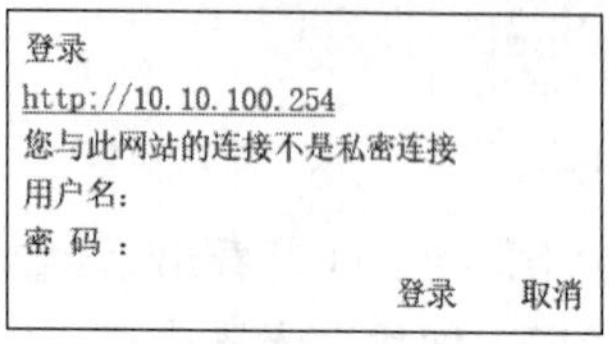

```
登录
http://10.10.100.254
您与此网站的连接不是私密连接
用户名:
密  码:
              登录    取消
```

图 4-16　USR-C216 无线登录界面

(2) 登录进去之后就可以看到一个配置 USR-C216 各种参数的界面,在界面左侧选择 WiFi 参数一栏,单击后会出现如图 4-17 所示的配置界面。

图中配置 AP 参数的是 1 号实验箱,密码是 12345678,IP 地址建议设置为 10.10.100.254,子网掩码不变。STA 参数的网络名称是 PI,这个名称可以自行输入,也可以单击搜索按钮搜索 WiFi,然后选择配置好的综合控制器的 WiFi 名称即可。加密类型和算法应该与综合控制器配置参数(图 4-14)一样,因为设置的是 1 号实验箱,所以 IP 地址是 10.10.10.101,网关是 10.10.10.1,子网掩码不变,最下方的 DNS 不用修改。配置完成后点击保存,弹出"重启"界面后,不用点击,直接点界面左侧的"透传参数"按钮,在配置好下一步的透传参数后一起重启。

(3) 配置完成 WiFi 参数后点击界面左侧的透传参数按钮,出现配置参数界面如图 4-18 所示。界面中的波特率选择 9600bps,网络参数设置选择透传模式。只需要配置 SocketA 即可,由于主控制器的 USR-C216 作为 Server 端,综合控制器和主控制器是通过 TCP 进行通信的,所以选择 TCP-Server,端口和服务器地址不用修改。配置完成以后保存,然后重启,当可以通过 PC 端找到主控制器的无线网络时即代表配置成功。

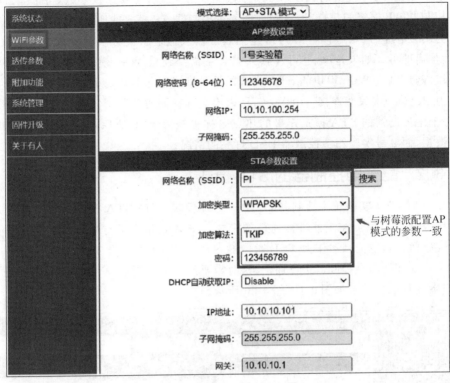

图 4-17 设置实验箱主控制器 STA＋AP 模式参数

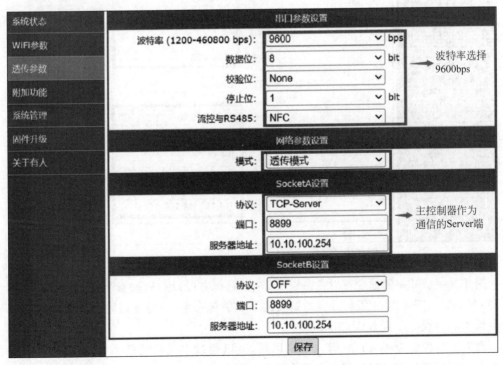

图 4-18 配置实验箱主控制器透传参数

如果主控板 WiFi 模块的 AP+STA 参数配置错误或者想要修改参数,可以通过 PC 端连接主控制器 AP 模式的热点,通过网址输入主控制器 AP 模式的地址(如在图 4-16 中设置的 AP 模式的地址为 10.10.100.254),连上热点输入地址后就可以对参数进行修改,修改后保存、重启即可。如果是单一 STA 模式,PC 端需要连接 WiFi 模块 STA 模式下连接的热点,通过网址输入 WiFi 模块的 STA 模式的地址即可登录修改参数,修改后保存、重启即可。因为 PC 端一次只能连接一个 WiFi,所以不会存在同时开几个实验箱修改参数出错的情况,每个中控制器的 STA 模式连接的热点名称也是特定的,所以不会出现 PC 给 1 号实验箱发数据,而 2 号实验箱中控制器 LED 灯亮的情况。

4.3.2 配置中控制器的 STA 模式

4.3.1 节配置了实验箱主控制器的 AP+STA 模式,其中 STA 模式是为了连接综合控制器的热点从而与综合控制器进行通信的模式,AP 模式是为了与中控制器 WiFi 的 STA 模式进行通信。当主控制器作为 TCP 通信的 Server 端,中控制器 WiFi 需要作为 TCP 通信的 Client 端才能与主控制器进行通信,这时需要设置中控制器 WiFi 的 STA 模式。中控制器 WiFi 模块配置参数如图 4-19、图 4-20 所示。

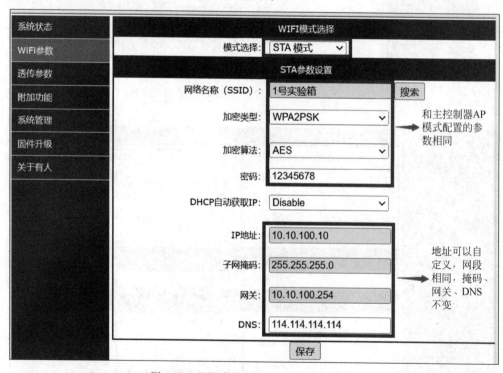

图 4-19　配置中控制器 WiFi 的 STA 模式

图 4-19 中 STA 的地址可以自己定义,这样做也方便以后修改参数时,子网掩码、网关及 DNS 不变。图 4-20 中需要设置的是波特率及透传参数,波特率需要设置成 9600bps,透传参数中的协议需要设置成 Client 端。

设置好中控制器 WiFi 的 STA 模式以后,可以通过串口调试助手来观察两个 WiFi 模块是否能正常通信并传递数据。操作步骤是分别用两个 USB 转串口模块连接 WiFi 模块,

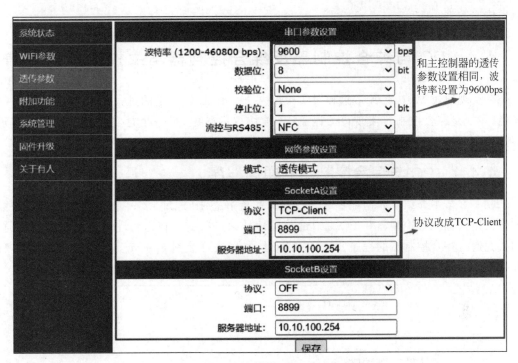

图 4-20　配置中控制器 WiFi 的透传参数

串口参数设置与配置模式时相同，打开串口，检查是否可互相发送数据，如图 4-21 所示。

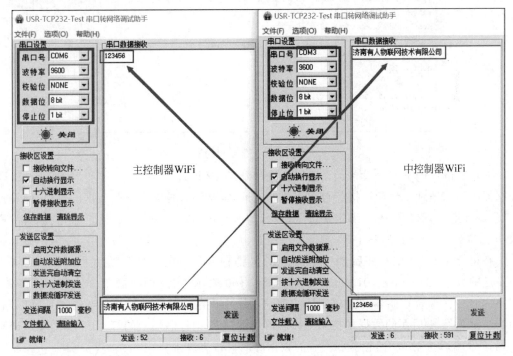

图 4-21　串口调试通信是否成功

在图 4-21 中可以看到主控制器 WiFi 模块与中控制器 WiFi 是可以正常通信的，主控制器发送的数字或文字等数据，中控制器 WiFi 都可以接收到，中控制器 WiFi 也可以与主控制器传递数据。

4.4 PC 与综合控制器及综合控制器与主控制器的通信

在实现通过 Web 或 App 远程对实验箱大功率 LED 灯控制的过程中,存在两个网关的角色,一个是综合控制器实现以太网到 WiFi 协议的转换,另一个是实验箱主控制器实现 WiFi 协议到 ZigBee、RS485、DMX512 协议的转换。

4.4.1 PC 与综合控制器的通信程序

在 4.2 节中介绍了如何配置综合控制器配置静态 IP 地址。综合控制器与 PC 端的数据传输是依赖综合控制器和 PC 端口的静态地址来进行的。在运行计算机上的程序之前,需要先运行综合控制器的程序 client_pi.py 具体方法可参阅 4.6 节。PC 上运行的具体程序如图 4-22 所示。

```
# 定义链接下一设备（树莓派）的对象
client = socket.socket()
# 设置树莓派的地址还有端口
addr = ('192.168.200.2', 8898)
# 连接 树莓派的服务，准备发送信息，05
client.connect(addr)
# 定义接受树莓派数据的对象
server = socket.socket(socket.AF_INET, socket.SOCK_STREAM)
# 设置接受数据延时60秒，超过60秒的数据就不接受了  实际使用不会有这么大的数据，
server.settimeout(60)
host = '192.168.200.100'
# host = socket.gethostname()
# 这是本地端口
port = 8897
# 进行端口绑定
server.bind((host, port))  # 绑定端口
# 开始监听数据
server.listen(1)
```

图 4-22 PC 端运行代码

先定义链接的下一个设备。设置综合控制器的 IP 地址和端口号,这个 IP 地址是综合控制器的静态地址。然后链接综合控制器的地址,定义综合控制器接收数据的对象,即设置 PC 端的地址和端口号,然后绑定端口号,进行监听。PC 端和综合控制器能进行通信、传递数据还需要一段代码,如图 4-23 所示。

在运行完 PC 上的程序后会在界面上出现"请输入发送的信息",然后可以在后面输入想发送的数据,比如 00,1,01 09 64 64 64,其中,00 表示单控,即控制单个的实验箱开关。相关内容会在综合控制器和主控制器的通信程序中讲解;逗号必须是英文的逗号,逗号后面的 1 是箱号,1 后面的数据是控制主控制器的 RS485 中控制器上的灯亮白光,为十六进制数据,中间需要空格隔开,箱号和发送的数据可以自行更改。

如何判断综合控制器是否接收到了 PC 发送的数据? 可以从远程登录综合控制器的软件中看到。以 MobaXterm 为例,发送完 00,1,01 09 64 64 64 后,如果综合控制器成功接收该数据,会显示图 4-24 所示的内容,即代表综合控制器接收 PC 发送的数据成功,即综合控

```
# 3,发送数据
while True:
    message = input("请输入发送的信息>>")
    if message == "exit":
        break
    data_len = len(message)
    header = build_header(data_len)
    # sendto(需要发送的数据,(IP地址,端口号))
    # 发送数据,encode()将字符串转化为二进制,
    client.send(build_message(message))
```

图 4-23   PC 端和综合控制器传输数据代码

制器与 PC 端可以正常通信。

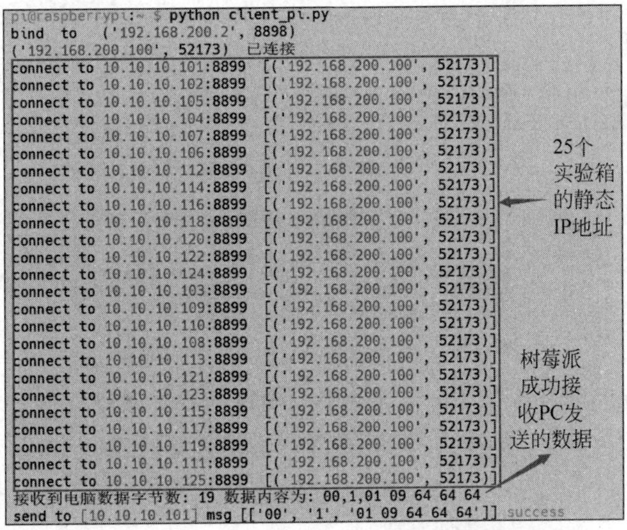

图 4-24   综合控制器接收数据成功界面

4.4.2   综合控制器与主控制器 WiFi 的通信

综合控制器在 PC 端和主控制器之间起到的作用是接收数据、解析数据然后传递数据。在 4.3 节中讲解了如何配置主控制器 WiFi 模块的 AP+STA 模式。配置模式是主控制器 WiFi 模块能与综合控制器通信的前提,主控制器中的 MCU 接收的数据要求是十六进制的数据,所以在综合控制器中还需要进行进制的转换。综合控制器为单控还是集控是需要一个标志位来判断的,标志位是 msg[0]。这里把 msg[0]赋值给了变量 a,为了方便后端进行数据的传递及综合控制器接收数据后的识别,程序如图 4-25 所示。data 是综合控制器接收的 PC 的数据,对其解析然后分隔成列表类型的数据。比如,接收的数据是 00,1,01 09 64 64 64,msg[0]代表 00 或者 01,msg[1]代表箱号,msg[2]代表发送给实验箱的数据。

如果标志位是 00,表示单控,会将图 4-24 最后一行显示的数据只发送给特定的 1 号箱子,如果标志位是 01,则会给所有实验箱发送 msg[2]所表示的数据,如图 4-26 所示。

集控时发送的数据中的箱号只是一个占位符,写任何数字都可以,因为是发送到 25 个箱子的数据。这里由于条件的限制,只开启了两个实验箱 1 号和 25 号,剩下的实验箱没开启,所以没有显示 IP 地址和端口号。如何看到主控制器确实接收了综合控制器发送的数

```
while True:
    data = client.recv(MaxBytes)
    if data:
        data = data.decode('utf-8')
    else:
        continue

    print('接收到电脑数据字节数:', len(data), '数据内容为:', data)
    try:
        msg = data.split(',', 2)
        a = msg[0]
        """
        """
        # 箱号前面加个00代表单控, 后面是箱号+数据（控制单个灯）, 如果箱号前面是01, 代表集控
        if a == '00':  # 单控
            _thread.start_new_thread(send2server, (msg[2], f"10.10.10.{100 + int(msg[1])}"))
        elif a == '01':  # 集控
            # 集控使用一个循环, 对全部箱子发送数据
            for ip in range(1, number + 1):
                _thread.start_new_thread(send2server, (msg[2], f"10.10.10.{100 + int(ip)}"))
```

图 4-25　综合控制器和实验箱传递数据代码

```
接收到电脑数据字节数: 19 数据内容为: 01,4,01 09 00 00 00
send to [10.10.10.101] msg [['01', '4', '01 09 00 00 00']] success
Traceback (most recent call last):
  File "/home/pi/client_pi.py", line 92, in send2server
    client.connect((ip, port))
OSError: [Errno 113] No route to host
```

图 4-26　综合控制器发送数据成功显示

据？利用 USB 转串口模块连上主控制器和 PC,用济南有人物联网技术有限公司的串口调试助手可以看见主控制器上接收到的具体的十六进制数据,如图 4-27 所示。

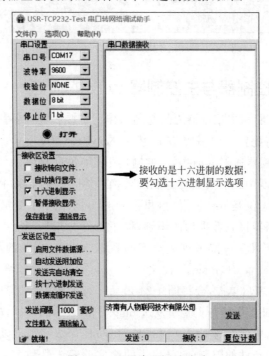

图 4-27　配置串口调试助手

串口调试助手的串口参数配置要和图 4-18 所示的配置相同,在图 4-26 中发送的数据是 01,4,01 09 00 00 00,图 4-27 中可以看到主控制器 WiFi 模块接收到相同的十六进制数,说明通信成功。

4.4.3　综合控制器开机运行程序的设置

为了使用方便,将综合控制器设置成开机运行的方式,即通上电后自动运行综合控制器的功能程序。综合控制器开机时自动运行的方法有很多,这里介绍使用 systemd 文件的方法,systemd 提供了一个标准进程来控制在 Linux 系统启动时运行的程序。注意,systemd 只在 Raspbian OS 的 Jessie 版本中可用。具体步骤如下。

(1) 用命令 sudo nano/lib/systemd/system/sample. service 打开示例文件。

(2) 在文件中添加图 4-28 所示内容,编写 unit 文件,保存文件时以. service 为扩展名,另存为/home/pi/mystart. service,可以通过命令 sudo nano/home/pi/mystart. service 来查看文件的内容。

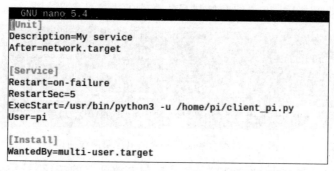

图 4-28　设置开机自动运行 client_pi. py 程序

图 4-28 中[Unit]部分中,Description 是对该服务的描述,After＝network. target 表示在网络服务启动之后启动该服务。[Service]部分中,Restart＝on-failure 和 RestartSec＝5 表示服务运行失败后,隔 5s 重新启动;ExecStart 表示服务启动时执行的命令,这里执行指定的程序为 client_pi,-u 参数使 Python 程序输出到 journal 中,这个后面会提到,需要注意文件要使用绝对路径;User＝pi 表示在 pi 用户下执行。[Install]部分中,WantedBy＝multi-user. target 定义为多用户运行模式。

(3) 将该文件 mystart. service 复制到/etc/systemd/system 目录下,具体命令为 sudo cp/home/pi/mystart. service/etc/systemd/system /mystart. service。

(4) 使用 systemctl 管理服务启动服务,命令为 sudo systemctl start mystart. service。

(5) 查看服务状态,使用的命令为 systemctl status mystart. service,执行命令如图 4-29 所示。出现如图 4-29 所示内容即代表程序已经成功运行。

(6) 设置开机自动启动,具体命令为 sudo systemctl enable mystart. service,关闭开机自动运行的命令为 sudo systemctl disable mystart. service。

(7) 添加或者修改配置文件后需要重新加载,命令为 sudo systemctl daemon-reload。配置完成以后重启综合控制器,然后运行步骤(5)可以看到图 4-29 所示的内容即代表配置成功。

```
pi@raspberrypi:~ $ systemctl status mystart.service
● mystart.service - My service
     Loaded: loaded (/etc/systemd/system/mystart.service; enabled; vendor preset: enabled)
     Active: active (running) since Mon 2022-09-19 15:17:13 CST; 57min ago
   Main PID: 830 (python3)
      Tasks: 1 (limit: 4915)
        CPU: 125ms
     CGroup: /system.slice/mystart.service
             └─830 /usr/bin/python3 -u /home/pi/client_pi.py

9月 19 15:17:13 raspberrypi systemd[1]: Started My service.
9月 19 15:17:13 raspberrypi python3[830]: bind  to  ('192.168.200.2', 8898)
```

图 4-29　完成程序的开机自动运行

4.5　综合控制器与 PC 端的连接方法

综合控制器与 PC 端之间通过以太网及逆行通信,通信的前提是综合控制器与 PC 端通过一根网线连接,网线的一端连接综合控制器 4b 的网线接口,另外一端连接到 PC 端,给综合控制器通上电即可,图 4-30 是综合控制器外壳的接法。

图 4.30　综合控制器外壳的电源及网线插口

综合控制器的电源由两部分组成,一个是控制电源开关的按钮,另一个是 5V、3A 的电源,如图 4-31 所示。

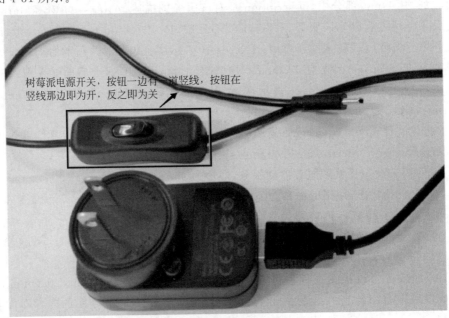

图 4-31　综合控制器电源使用方法

为了保证综合控制器各个器件及安全性,为综合控制器 4b 安装了一个外壳,外壳的电源接线如图 4-31 所示,安装综合控制器外壳后,用图 4-31 所示的电源开关不能让综合控制器开机,需要通过综合控制器外壳上的电源开关来控制综合控制器的开机和关机。如图 4-32、图 4-33 所示。开机以后想要关机,可以长按电源按钮,直到电源按钮变为红色,即代表关机成功。

图 4-32　综合控制器关机状态

图 4-33　综合控制器开机状态

4.6　Python 程序传送到综合控制器中

综合控制器作为一个小型的计算机,可以运行 C 语言、Python、Java 等程序,可以通过 VNC Viewer 把 PC 端编写好的程序放到综合控制器中,具体操作如下。

(1) 打开 VNC Viewer,把光标放到界面上方,界面上方有一行多出的空白部分,如图 4-34 所示。单击图 4-34 所示空白部分后会出现一个综合控制器的隐藏菜单栏。

图 4-34　单击空白部分

(2) 隐藏菜单栏中有一个传输文件的图标,如图 4-35 所示。单击此图标会出现如图 4-36 所示的界面,单击 Send files 按钮,就可以把程序从 PC 端传到综合控制器中。也可以选择 PC 端文件传输到综合控制器的位置,如图 4-36 所示。

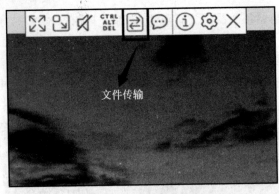

图 4-35　文件传输按钮

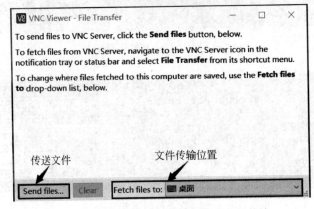

图 4-36　PC 端和综合控制器进行文件传输

（3）单击 Send files 后会出现图 4-37 所示的内容，可以在 PC 端的不同位置传送各种类型的文件。在这里演示的是将 PC 端 Server(4).py 中的 Python 程序传送到综合控制器的桌面上。

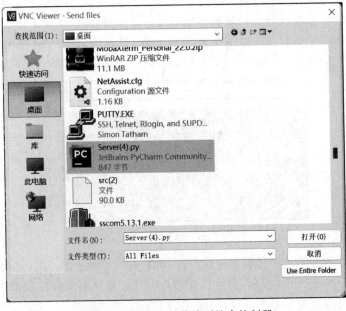

图 4-37　PC 端文件传输到综合控制器

（4）单击图 4-37 所示界面中的"打开"按钮，然后通过 VNC Viewer 远程登录综合控制器，可以在综合控制器的桌面上看到 Server(4).py 程序，如图 4-38 所示，代表传输成功，就可以在综合控制器上运行该程序。

图 4-38 文件传输成功

## 第 5 章

智慧照明云平台设计

智慧照明云平台在端、边、云结构中属于工业互联网的应用层,如图 5-1 所示,它可实现实验箱内大功率 LED 的管理、各本地控制器和主控制器的管理,为资源管理和运维管理提供数据。

5.1 智慧照明云平台架构

架构设计是从需求分析到软件实现的桥梁,也是决定软件质量的关键。本教材实现的智慧照明云平台架构是一种典型的物联网云平台。物联网云平台的系统架构采用的是 MVC 思想,它包括应用分层 Model(模型)、View(视图)和 Controller(控制器)3 个基本部分,这 3 个部分以最少的耦合协同工作,从而提高了应用的可扩展性及可维护性。MVC 要求应用分层,产品的应用通过模型体现。

物联网云平台的架构如图 5-1 所示。

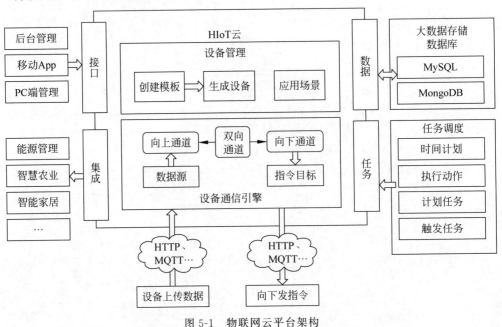

图 5-1 物联网云平台架构

5.1.1 物联网云平台架构简介

1. 物联网云平台的架构本质

架构的本质是呈现三大能力：系统如何面向最终用户提供支撑能力、如何面向外部系统提供交互能力、如何面向企业数据提供处理能力。

1）面向最终用户提供支撑能力

访问数据的窗口是表现层，用于展示与接收数据。物联网云平台的访问数据窗口有后台管理、移动 App 和 PC 端管理，它为客户提供交互的页面。PC 端的管理一般由前端工程师完成，移动 App 由安卓工程师完成。该系统的后台管理可以提供功能性接口，供兴趣爱好者在物联网云平台上进行二次开发，而移动 App 端提供给普通用户使用，普通用户通过 App 控制已有的智能设备并展示数据。移动 App 还可以提供不同场景下的组合控制设备组，组合控制又可以分为定时控制和一键控制等功能，使用户体验达到更加智能的状态。

PC 端管理是给智能设备开发者及智能设备生产商使用的，PC 端管理分为用户模块、设备模块等。用户模块的主要功能是注册登录、修改密码和找回密码等；设备模块则包括模板的创建、设备的创建、设备通道的生成、设备数据的显示以及设备持有者的 CRUD 等功能。

2）面向外部系统提供交互能力

物联网云平台是开发者使用的平台，开发者也可以通过该平台将开发完成的智能设备的信息传送给 PC 端或者移动 App，这样 PC 端或者移动 App 就可以绑定设备，从而控制智能设备。设备的所有数据都将经过物联网云平台进行存储和显示，物联网云平台提供 PC 端或者移动 App 获取设备上传信息及下发控制设备信息的接口。PC 与物联网云平台是通过 HTTP 进行交互的，而物联网云平台与智能硬件是通过 HTTP 或者 MQTT 协议进行通信的。

3）面向企业数据提供处理能力

物联网云平台通过订阅向上通道获取不同设备各种类型的数据，并能整理数据，开发者可以查看正在上传数据的智能设备，如果某些设备上传了预警信息或是触发事件的信息，开发者可以直接预先设置设备，同时，物联网云平台将预警消息发送给智能设备使用者的 PC 端或移动 App；利用物联网云平台中的仪表盘，通过输入设备信息，可以查看某个设备上传的数据及下发的数据。

2. 物联网云平台系统架构的优势

1）简化开发

物联网云平台架构减少了用户开发项目的工作量，用户无须构建复杂的网络，无须重构主机处理器代码，无须开发后台软件，无须学习特殊的编程或脚本语言，因此，开发难度较低，同时也降低了项目失败的风险。

2）加速产品上市

物联网云平台架构为用户节省了开发时间，加速了连接设备和移动 App 的开发。它可以连接设备和移动 App 并可独立连接到云端的抽象端点，这样在系统集成阶段就可减少很多问题。

3）降低成本

相比企业内部模式，物联网云平台架构按需索取平台处理能力，降低了建设成本。

本章根据物联网系统架构分析云平台的功能需求，并根据物联网的特点对云平台中的架构设计进行介绍。根据云平台需求设计其分区架构及技术架构,并确定每个分区的功能及需要解决的问题。

物联网是利用各种传感设备将物体接入互联网,借助互联网实现物与物之间的信息交互和数据共享,达到对物品的智能化识别、定位、监控和管理的目的,最终实现人与人、人与物、物与物之间的便捷通信。

本书根据云平台的功能模块将云平台进行分区设计,设计模块分为服务器及后端程序模块设计、Web 模块设计。

服务器及后端程序模块是终端接入的通道入口,为用户端和设备端提供终端资源管理的接口,终端资源除了包含用户端和设备端的属性信息以及绑定关系以外,还包含传感数据存储规则、设备绑定关系规则等,都是通过服务器及后端程序模块对这些资源进行增删改查的操作,并提供一套开放的接口,实现用户和设备对终端资源的管理。

Web 模块为用户端,作用是为用户端及设备端之间提供通信及数据交互的服务,实现用户对设备控制命令的下发、远程参数设置、在线状态管理以及设备采集数据信息的实时获取等。

系统架构由云平台、用户端、设备端以及提供用户端和设备端上网的网络接入层四部分构成,如图 5-2 所示。设备通过和云平台建立连接形成可以通信的网络,并借助云平台实现用户到终端设备以及终端设备之间的数据交互,下面对各部分功能进行详细介绍。

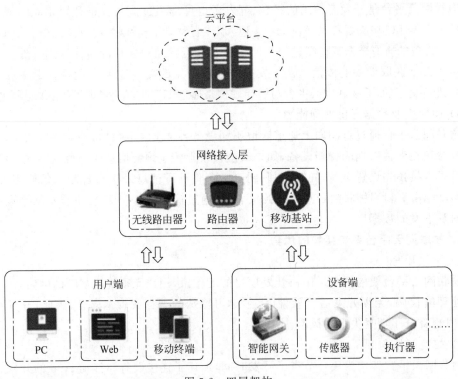

图 5-2　四层架构

云平台是为物联网系统提供终端统一管理、海量数据存储、远程即时通信、高性能计算分析等服务的数据业务中心。云平台能够实现有效的终端管理,提供终端的注册和授权管理,使用户能够快速获得设备端的信息和数据,并且能够灵活地向设备端推送消息和下发控制指令;同时,云平台能够提供高性能的数据处理及大规模数据管理服务,实现数量庞大的终端连接的有效维护、数据可靠传输及海量数据的处理和存储。

用户端即搭载在移动设备、PC 上的应用软件,包括移动 App、网页界面、PC 软件终端程序等。用户软件是用户控制与管理云平台、硬件设备的交互工具,通过用户软件可实时掌握系统的状态,对设备进行集中化管理,实现对设备的远程控制、历史数据查询与统计、故障查询与诊断、个性化服务定制等功能。

设备端可分为节点设备、网关设备。节点设备是指能够直接与云平台建立连接的传感器、执行器等底层终端设备;网关设备是指能够将远程命令数据与现场命令数据相互转换的中间设备,网关设备能够汇聚各感知节点采集的数据,将其处理后上传至云平台,并接收云平台远程命令下发给底层设备。无论是网关设备还是节点设备都是互联网服务渗透到我们生活中各领域的智能化改造的重要成分,充分体现了物联网物物相连的特性。

接下来将分别对服务器及后端程序模块、Web 模块设计进行讲解。

5.1.2　智慧照明云平台需求分析

云平台作为智慧照明系统中的复杂数据和远端控制功能的技术核心,首先要为用户端与设备端的接入提供服务接口;其次需要为云与端、端与端之间的即时通信提供通道,同时需要实现对不同设备端产生的传感数据进行解析和存储。总结本云平台的主要功能,包括 LED 灯控制终端接入管理、终端监控设备、集控和分控三方面,下面对这三方面的需求进行详细分析。

1. 物联网终端接入管理

物联网终端包括用户端及设备端,用户端一般指一个管理主题,例如本智慧照明系统指共用一个网关的实验室,即以实验室为单位分配用户的使用权限;设备端在本书中指的是实验箱。终端接入管理包括终端的注册、绑定、授权等,终端接入管理过程必须保证物联网终端信息的安全性,以及终端之间绑定和授权过程的灵活性。下面对终端接入管理的具体要求进行详细介绍。

1) 用户接入管理

用户接入管理是指智慧照明系统中的用户端获得一个合法的身份,并以此身份进行对云平台中资源的操作。为保障云平台中信息的安全,将用户角色分为"生产厂商"和"普通用户",只有生产厂商拥有对所有终端资源的操作权限,而普通用户只可以在设备出厂后对设备进行处理和操作。不同物联网行业应用、不同的用户角色有不同操作平台的用户端需求,因此云平台要求支持不同平台的用户端的接入,提供手机号验证注册、邮箱验证注册两种账号注册方式,为不同用户端用户提供注册服务,使用户可以存储与使用物联网终端设备的数据与服务。另外,需要明确不同角色用户对云平台资源的操作权限,并实现灵活的资源授权和分享机制,保障物联网系统资源的安全性。

2) 设备接入管理

设备分类管理:物联网系统中包含大量终端设备,其中某些设备隶属于同一个物联网应用系统,其功能需求和底层协议等均相同,为便于对这些相同项目中的设备进行统一的管理,将相同的系统或项目中的设备统称为"产品"。每个设备在出厂前便需要确定其功能及所属的产品,并保证设备与产品信息的从属关系不能被用户更改。用户与设备的绑定及授权管理:为实现用户对设备的管理,需要完成用户与设备信息的绑定,绑定完成后才可对设备信息进行查看,为保障设备信息的安全,每个设备只能与唯一的用户建立绑定关系,称为设备的"管理员",拥有对设备操作的所有权限,包括对设备的创建、获取、远程控制、数据监测、删除、分享、取消分享等操作。而其余用户需向该设备的管理员发送授权请求,授权成功后以"分享者"的角色只对设备具有一部分操作权限,包括设备信息获取、远程控制、数据监测等,而不具有创建、删除及分享的权限。

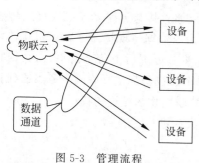

图 5-3　管理流程

2. 终端监控设备

用户与设备之间的通信实现了用户对设备的远程控制、参数设置、运行状态监测、实时数据获取等功能。物联网云平台根据设备模板批量生产设备,设备根据自身的数据通道上传数据至云平台,通过数据通道下发指令控制设备。具体管理流程如图 5-3 所示。

1)设备模板的概念

设备模板是向上提取设备的共性,并形成抽象的一类设备,我们将该抽象的一类设备定义为此类设备的模板。设备模板可用于批量生成设备。

2)设备的概念

IoT 中的 T 就是设备,是所有其他功能的基础。设备向下分配的是通道,向上整合的是场景。

3)数据通道的概念

向上通道:设备采集的数据通过向上通道上传至云端。

向下通道:云端通过向下通道推送指令、消息至设备端。

双向通道=向上通道+向下通道。

4)数据类型的概念

设备的上传数据是各种各样的,为方便起见,我们将数据类型分为数值型、布尔型、文本型、GPS 型 4 种类型。

3. 单控、分控和集控

本智慧照明系统支持单控、分控和集控功能。单控:对某个实验箱的某个 LED 灯实现调光、调色控制;分控:即分组控制,根据场景需要对某个实验箱或几个实验箱的单个灯或多个灯进行控制,用户可以根据系统需求将设备分到不同的组中,实现个性化控制,即要求分组能够动态更改;集控:实现对所有实验箱的所有灯的调光调色控制。

5.2　服务器及后端模块设计

本节主要介绍服务器及后端模块设计,该模块实现接收 Web 指令,并下发给智能网关的功能。本节将依次介绍服务器购买及配置、后端程序的开发流程、程序讲解。

5.2.1　服务器购买和配置

1. 注册腾讯云账号

1)官网快速注册

注册腾讯云账号:注册—腾讯云(tencent.com)。

2）按要求完成实名认证

注册完成后,登录腾讯云:登录—腾讯云（tencent.com）,根据提示进行实名认证。

2. 预付费购买服务器

如图 5-4 所示,学生新用户可以使用"云＋校园 首单特惠"进行购买。

学生云服务器_学生云主机_学生云数据库_云＋校园特惠套餐-腾讯云（tencent.com）。

云产品首单秒杀活动:云产品首单秒杀_云服务器秒杀_云数据库秒杀-腾讯云（tencent.com）。

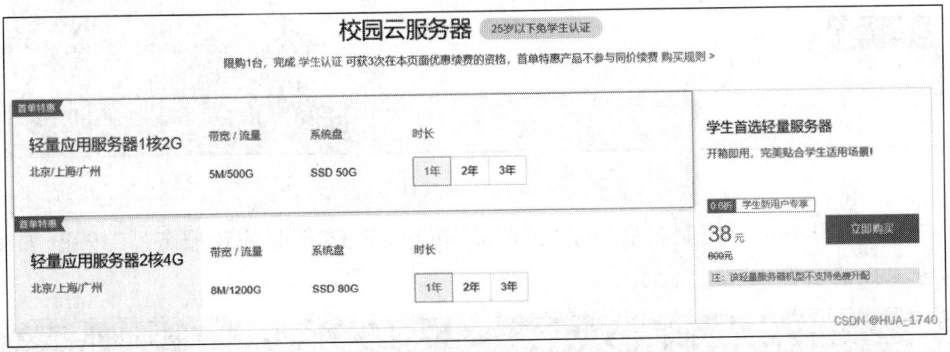

图 5-4　服务器购买流程

1）选择合适配置并付费

选择合适的套餐点击立即购买,选择活动地域、镜像、购买时长后单击"立即购买"按钮进行付费。

本书选择的实例配置是轻量应用服务器 2 核 4G,镜像是 Windows 腾讯云专享版,如图 5-5 所示。

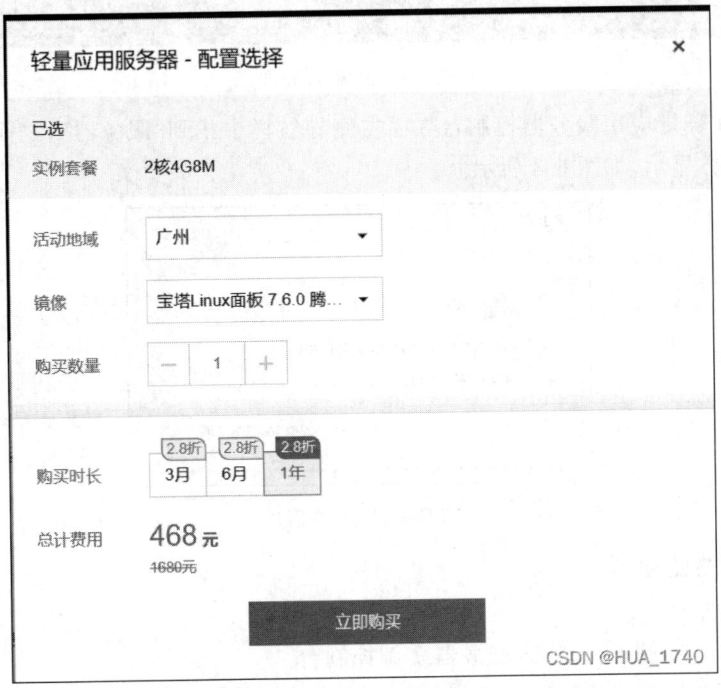

图 5-5　配置选择

2）进入控制台

第一步，购买完成后，单击右上角"控制台"按钮，如图 5-6 所示。

图 5-6　腾讯云首页

第二步，打开腾讯云控制台后单击"云产品"按钮，单击"轻量应用服务器"按钮，如图 5-7 所示，进入控制台界面。

图 5-7　控制台界面

第三步，在轻量应用服务器控制台界面左侧导航栏中找到"服务器"，之前购买的服务器实例在页面下方显示，如图 5-8 所示。

图 5-8　服务器信息

3. 重置服务器密码

1）进入服务器

第一步，单击实例卡片，进入服务器实例控制台。

第二步，顶部导航栏选择"概要"，如图 5-9 所示。

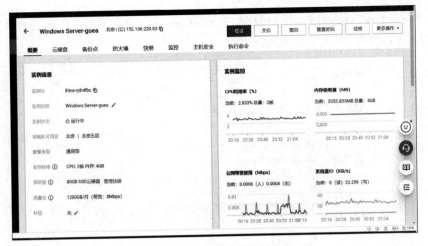

图 5-9 服务器实例控制台

2）重置密码

第一步，在应用信息面板中，建议先手动单击"关机"按钮，再单击"重置密码"按钮，如图 5-10 所示。

图 5-10 重置密码

第二步，输入新密码，单击"下一步"按钮，如图 5-11 所示。

图 5-11 设置新密码

第三步,如果没有按第一步手动单击"关机"按钮,这一步勾选"同意强制关机"复选框,单击"重置密码"按钮,如图 5-12 所示。

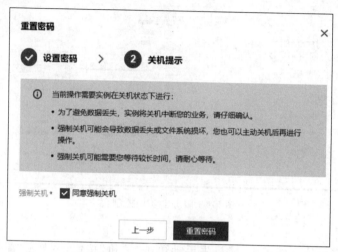

图 5-12 "重置密码"对话框

4. 连接服务器

1）本地连接服务器

第一步,单击"连接"按钮,如图 5-13 所示。

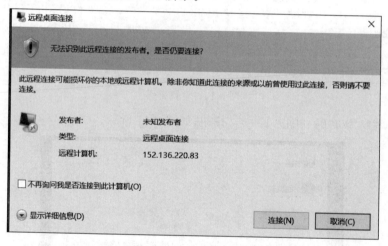

图 5-13 远程桌面连接

第二步,单击"是"按钮,如图 5-14 所示。进入服务器图标的桌面,如图 5-15 所示。

2）进入宝塔面板首页

外网面板地址默认为服务器公网地址为：8888/tencentcloud/,也就是应用内软件信息中的面板首页地址,开启端口后,在浏览器输入外网面板地址,输入前面获取的用户名和密码,进入宝塔面板,如图 5-16 所示。

3）进入面板安装所需插件

进入面板后可以选择一键安装推荐的 LNMP 或 LAMP 套件,也可以选择自行安装,如图 5-17 所示。

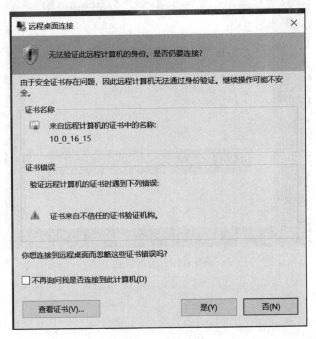

图 5-14 确认连接

图 5-15 进入服务器图标的桌面

图 5-16　宝塔面板

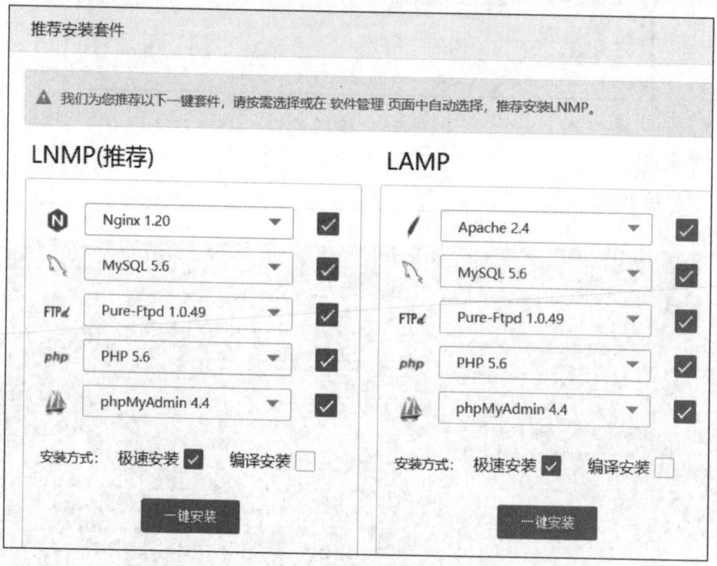

图 5-17　安装套件

5.2.2　程序开发流程

基于本设备的需求,选择使用后端语言 Python、Flask 框架进行程序开发,实现接收 Web 指令,并下发给智能网关的功能。

Python 是一种解释型、面向对象、动态数据类型的高级程序设计语言。Python 由 Guido van Rossum 于 1989 年底发明,第一个公开发行版发布于 1991 年。像 Perl 语言一样,Python 源代码同样遵循 GPL(GNU General Public License)协议。该语言具有简单、易学、速度快、免费、可移植性强、可扩展性强、可嵌入性强等诸多优点。

Flask 是目前十分流行的 Web 框架,采用 Python 语言来实现相关功能。它被称为微框架(microframework),“微框架”中的“微”并不是意味着把整个 Web 应用放到一个 Python

文件中,而是指 Flask 保持核心的简单,同时又易于扩展。

Flask 的基本模式为在程序里将一个视图函数分配给一个 URL,每当用户访问这个 URL 时,系统就会执行为该 URL 分配好的视图函数,获取函数的返回值并将其显示到浏览器上,其工作过程如图 5-18 所示。

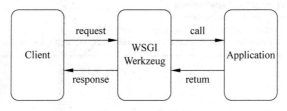

图 5-18　工作过程

本平台服务器程序可实现接收 HTTP 请求报文,解析报文,产生 request 传送给框架程序。

(1) 框架程序:接收 HTTP 请求对象 request,中间层处理(拦截请求),路由处理,具体视图处理业务处理,再进行中间层处理(拦截响应),返回给服务器程序的是一个 response 的对象。

(2) 服务器程序:通过 response 对象构造一个 HTTP 响应报文,再传回客户端。

功能实现逻辑简述:比如单控实验箱某个灯的开关功能,控制界面的单击按钮,JavaScript 发送请求报文,例如开灯(a),后端接收此请求,连接智能网关,再次将指令转发给网关进行解析,实现控制开灯的功能。下面开始介绍框架搭建步骤和实现功能的代码。

第一步,下载 Flask 框架。

本平台后端程序用到的 Flask 工具包如图 5-19 所示。

图 5-19　Flask 框架的工具包

方法一：在终端命令行输入语句 pip install flask 即可下载 Flask 框架。

方法二：使用 PyCharm 开发工具新建一个解析器为 Flask 的项目文件。

第二步，导入所需的框架模块，如图 5-20 所示。

```
import socket
from threading import Thread
from functools import partial
from flask import Flask, request,redirect,url_for
from tcp_client import create_client, send_message, start_server
```

图 5-20   导入所需的框架模块

要注意下面三点。

（1）连接智能网关部分，给定需要连接的智能网关 IP 地址，定义一个发送信息的函数，如图 5-21 所示。

```
client = create_client(host='192.168.200.2')    # 需要输入树莓派 IP
send_message = partial(send_message, client)

Thread(target=start_server, daemon=True).start()
```

图 5-21   连接智能网关

（2）跨域访问支持（必不可少，程序固定），如图 5-22 所示。

```
@app.after_request
def after_request(resp):
    resp.headers['Access-Control-Allow-Origin'] = '*'
    return resp
```

图 5-22   跨域访问支持

（3）Get 请求，通过装饰器设置路由，请求方式为 Get 或 Post 请求，本书采用 Get 方式。从 Web 得到命令信息，将设备号及命令下发给智能网关，如图 5-23 所示。

```
@app.route('/admin', methods=['GET'])
def get_admin():
    info_id = request.args.get("info_id")
    number = request.args.get('number', 25)
    message = f'{number},{info_id}'

    send_message(message)
```

图 5-23   Get 请求语句

5.3   Web 模块设计

本节主要介绍 Web 模块设计，Web 页面实现用户登录、首页产品介绍、设备控制等主要功能。使用基本的前端开发工具 HTML、JavaScript 等。将依次介绍前端 Web 开发流程及程序讲解。

HTML 的英文全称是 hyper text markup language，即超文本标记语言。JavaScript（简称 JS）是当前最流行、应用最广泛的客户端脚本语言，用于在网页中添加一些动态效果与交互功能,在 Web 开发领域有着举足轻重的地位。

HTML 用来定义网页的内容,例如标题、正文、图像等。

CSS 用来控制网页的外观,例如颜色、字体、背景等。

JavaScript 用来实时更新网页中的内容,例如从服务器获取数据并更新到网页中,修改某些标签的样式或其中的内容等,可以让网页更加生动。

5.3.1　登录界面设计

用户登录模块部分程序介绍,如图 5-24 所示。

从图 5-25 可以看出登录界面有三层布局,最外层为线性布局,将内层水平和垂直都居中,内层为线性布局垂直分布,"欢迎登录"的 TextView 可以直接放在第二层,也可以单独加一层布局,用户和输入框,密码和输入框,登录和取消都是使用了相对布局。

```html
<title>智慧照明实验平台</title>
</head>
<body>

    <link href="jiemian.css" rel="stylesheet" type="text/css">
    <div class="login_box">


        <h1 class="title">欢迎登录</h1>

        <div>
            <input class="input_box" type="text" id="username" placeholder="请输入密码: " />
        </div>

        <div>
            <input class="input_box" type="password" id="password" placeholder="请输入密码: " />
        </div>

        <div id="btns">
            <input class="button_box" type="button" value="登录" onclick="check()" />
            <input class="button_box" type="button" value="取消" onclick="reset()" />
        </div>
```

图 5-24　登录模块程序

图 5-25　登录界面

5.3.2 Web 首页设计与效果图

Web 首页设计了一项图片轮播模块,将产品(实验箱设备)介绍图进行轮播展示,并赋予文字讲解。

图 5-26 为实现 Web 首页显示的代码,图 5-27 为系统登录成功后的首页界面。

```html
        <div>
            <span class="fl"  style="width: 500px; margin-top: 45px" >边缘设备即现场智能照明硬件设备分为三层,传感器层即感知层,主控器层即远端管理层。本设计使用的是兆易创新GD32F3系列MCU,采用模块化设计思想,支持多种功能的传感器模块采集环境信息,发送到中控器和主控器,从而实现两层控制,即中控器直接控制和主控器控制。主控器作为主控单元,发起通信,实现DALI、DMX512、RS485、Zigbee和Wi-Fi这5种协议的转化,中控器作为服务器端可以接收主控单元的命令执行并回传数据。中控器完美地体现了智能硬件的概念,可配置多种传感器,可以独立完成本终端LED灯的手动和自动调光调色控制,也可以与主控器以及其他中控器组网,实现多种网络协议融合的调光调色功能。</span>
        </div>
    </div>
</div>

</body>
<script type="text/javascript">
    var index=0;
    //效果
    function ChangeImg() {
        index++;
        var a=document.getElementsByClassName("img-slide");
        if(index>=a.length) index=0;
        for(var i=0;i<a.length;i++){
            a[i].style.display='none';
        }
        a[index].style.display='block';
    }
    //设置定时器,每隔两秒切换一张图片
    setInterval(ChangeImg,2000);
</script>
</html>
```

图 5-26 实现 Web 首页显示的代码

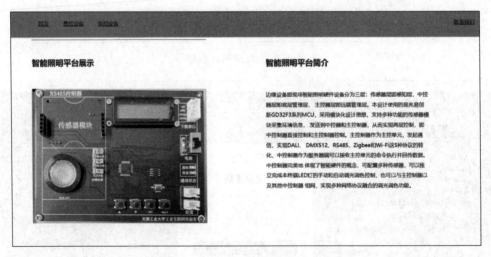

图 5-27 首页界面

5.3.3 集控功能的实现

集控功能是指一条指令可以同时控制一个实验箱的多个大功率 LED 灯,或控制多个实验箱的大功率 LED 灯。集控界面实现了对 25 个实验箱的集中控制。主要功能有:对 25

个实验箱的 RS485、WiFi、ZigBee、DMX512、DALI 模块集中控制调光、调色。

（1）集控界面设计对应的部分程序如图 5-28 所示。

```html
<div class="RS485-title" style="...">
    RS485集控按钮
</div>
<div class="RS485-open" style="...">
    <input id="button1" style="margin-left: 20px" type="button" value="打开设备" onclick="OpenLight(1)"/>
</div>
<div class="RS485-Red" style="...">
    <input id="button3" style="..." type="button" value="打开红灯" />
</div>
<div class="RS485-Green" style="...">
    <input id="button5" style="..." type="button" value="打开绿灯" />
</div>
<div class="RS485-Blue" style="...">
    <input id="button7" style="..." type="button" value="打开蓝灯" />
</div>
<div class="RS485-Close" style="...">
    <input id="button2" style="..." type="button" value="关闭设备" onclick="CloseLight(1)"/>
</div>
</div>
```

图 5-28 集控程序代码

（2）向后端发送请求功能的部分程序：变量 a 的参数"01"代表集中控制；变量 number 代表实验箱编号，即 1～25 号实验箱；变量 info_id 代表控制每个灯光功能的指令，如 06 09 64 64 64 代表打开 25 个实验箱所有 RS485 模块的灯光。实验集控功能的关键代码如图 5-29 所示。

```javascript
<script type="text/javascript">

    function send(a, number, info_id) {
        var httpRequest = new XMLHttpRequest();
        httpRequest.open('GET', `http://localhost:5000/admin?info_id=${info_id}&number=${number}&a=${a}`, true);
        httpRequest.send();
        httpRequest.onreadystatechange = function () {
            if (httpRequest.readyState == 4 && httpRequest.status == 200) {
                var json = httpRequest.responseText;
                console.log(json);
            }
        };
    }

    function OpenLight(number, info_id='06 09 64 64 64') {
        a='01';
        alert("打开");
        send(a, number, info_id)
    }
    function CloseLight(number, info_id='06 09 00 00 00') {
        alert("关闭");
        send(a, number, info_id)
    }
```

图 5-29 实现集控功能的关键代码

（3）Web 效果如图 5-30 所示，分别对应五个模块的集控功能。例如，RS485 模块可实现对 25 个实验箱里所有的 RS485 模块集中调光调色。

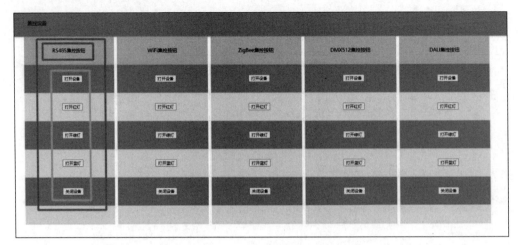

图 5-30　集控功能操作界面

5.3.4　单控功能

单控功能即一条指令只控制一个大功率 LED 灯,分别实现对每个实验箱里 RS485、WiFi、ZigBee、DMX512、DALI 模块的每一个灯光的调光、调色功能。

（1）单控界面设计对应的部分代码如图 5-31 所示。

```html
<div class="one" >
    <input  style="margin-left: 60px" type="button" value="一号箱" />

    <div class="s"  style="border:solid #CCC;  width:250px; height: 70px" >
        <input style="color: #000000" type="button" value="RS485  disabled/>
        <input id="button1" style="margin-left: 20px" type="button" value="开" onclick="RSopenLight(1)"/>
        <input id="button4" type="button" value="R" onclick="RSRedLight(1)"/>
        <input id="button2" type="button" value="G" onclick="RSGreenLight(1)"/>
        <input id="button3" type="button" value="B" onclick="RSBlueLight(1)"/>
        <input id="button5" type="button" value="关" onclick="RScloseLight(1)"/>
    </div >

    <div class="s" style="border: solid #CCC;  width:250px; height: 70px" >
        <input style="color: #000000" type="button" value="WIFI"  disabled/>
        <input id="button7" style="margin-left: 20px" type="button" value="开" onclick="WFopenLight(1)"/>
        <input id="button10" type="button" value="R" onclick="WFRedLight(1)"/>
        <input id="button8" type="button" value="G" onclick="WFGreenLight(1)"/>
        <input id="button9" type="button" value="B" onclick="WFBlueLight(1)"/>
        <input id="button11" type="button" value="关" onclick="WFcloseLight(1)"/>
    </div>
```

图 5-31　单控程序代码

（2）向后端发送请求功能的部分程序：同理,变量 a 的参数“00”代表单个控制；变量 number 代表实验箱编号,即 1～25 号实验箱；变量 info_id 代表控制每个灯光功能的指令,如 01 09 64 00 00 代表打开某个实验箱 RS485 模块的红灯,同理 01 09 00 64 00 代表打开绿灯。实现单控功能的关键代码如图 5-32 所示。

（3）Web 效果如图 5-33 所示,分别对应 25 个实验箱的单个控制功能。例如 1 号实验箱,可实现对 RS485、WiFi、ZigBee、DMX512、DALI 模块分别调光调色。R 代表打开红灯,G 代表打开绿灯,B 代表打开蓝灯。

```javascript
<script type="text/javascript">

    function send(a, number, info_id) {
        var httpRequest = new XMLHttpRequest();
        httpRequest.open('GET', `http://localhost:5000/admin?info_id=${info_id}&number=${number}&a=${a}`, true);
        httpRequest.send();
        httpRequest.onreadystatechange = function () {
            if (httpRequest.readyState == 4 && httpRequest.status == 200) {
                var json = httpRequest.responseText;
                console.log(json);
            }
        };
    }

    function RSRedLight(number, info_id='01 09 64 00 00') {
        a='00';
        alert("打开红灯");
        send(a, number, info_id)
    }
    function RSGreenLight(number, info_id='01 09 00 64 00') {
        a='00';
        alert("打开绿灯");
        send(a, number, info_id)
    }
```

图 5-32　实现单控功能的关键代码

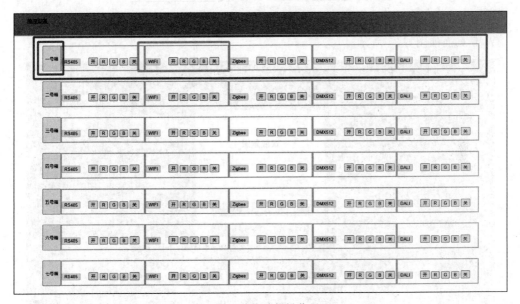

图 5-33　单控功能操作界面

5.4　智慧照明云平台使用方法

本章介绍该本系统 Web 平台执行文件的下载、安装和使用的方法。

5.4.1　下载教程

(1) 下载后解压,解压后的结果如图 5-34 所示。

(2) 确保智能网关已经启动的情况下,双击 App. exe,打开如图 5-35 所示界面,则视为

名称 ^	修改日期	类型	大小
static	2022/11/9 19:40	文件夹	
app.exe	2022/11/9 20:18	应用程序	8,244 KB

图 5-34　智慧照明平台安装文件解压后的文件名称

后端运行成功；如果出现"对方计算机拒绝请求"，检查综合控制器（智能网关）是否运行成功。

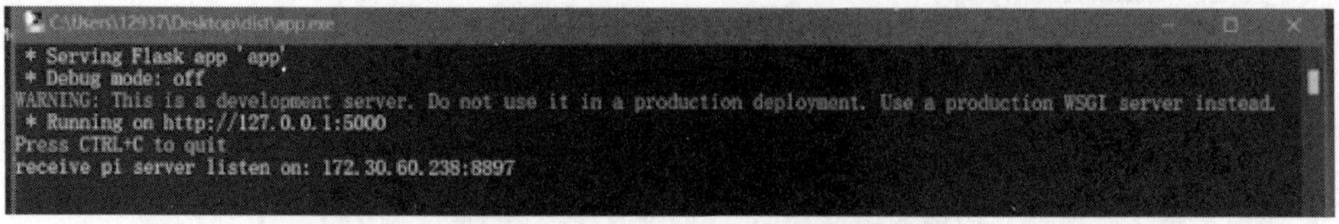

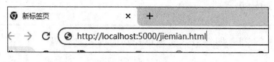

图 5-35　智能网关正常开启的显示内容

（3）在浏览器输入网址 http://localhost：5000/jiemian.html 后打开 Web 界面，如图 5-36 所示。

图 5-36　网址

Web 页面如图 5-37 所示。

图 5-37　登录界面

（4）输入用户名"admin"，密码"123456"，登录成功，进入首页，如图 5-38 所示。

5.4.2　基于 Web 的单灯控制

单灯控制即实现一个灯的控制。

（1）在首页单击界面上方菜单的单控设备选项，进入单控界面，如图 5-39 所示。

（2）界面里有 25 台实验箱的控制按钮，每台实验箱对应 5 个模块，选取要控制的灯对应的协议模块，每个模块分别有"开""红灯""绿灯""蓝灯""关"5 项调光调色功能，单击对应

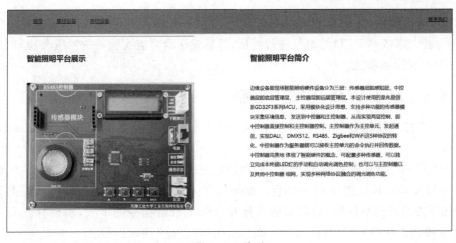

图 5-38 首页

图 5-39 单控界面

的按钮,则触发下发事件,将控制指令通过综合控制器发送给对应实验箱的对应模块,完成控制功能。操作方法如图 5-40 所示。

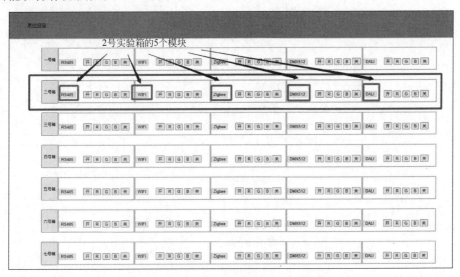

图 5-40 单控界面控制

（3）单击按钮后，后台自动触发 Get 事件，完成控制指令的下发，指令发送到综合控制系统，综合控制系统对 LED 的地址进行解析，然后发送给对应实验箱的对应大功率 LED 灯模块，从而实现控制功能。

5.4.3　基于 Web 的集中控制

（1）与单控功能相类似，选择首页上方菜单的集控设备选项，进入集控界面，如图 5-41 所示。

（2）集控界面里分别对应 5 个模块的集控功能。例如 RS485 模块，可实现对 25 个实验箱里所有的 RS485 模块集中调光调色。如要打开 RS485 的红灯，则直接选择单击 RS485 集控按钮下方打开红灯按钮，后台会触发打开 RS485 红灯指令的下发，实现打开所有实验箱 RS485 模块大功率 LED 灯的功能。操作示例如图 5-41 所示。

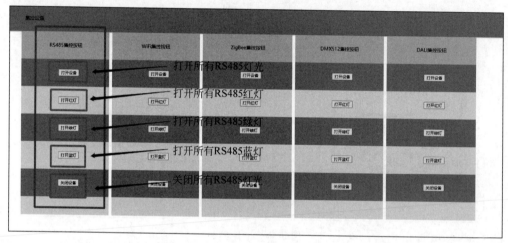

图 5-41　集控界面

## 第 6 章

基于本平台的智慧照明实验

基础性实验是指在预知实验结果的情况下对相关理论课程所学的理论进行验证,一般是对单一的理论或技术进行实验验证,从而更好地掌握课程的内容。基础性实验相对简单,一般分为三步进行:预习实验内容、根据实验指导书进行实验操作、对实验数据进行分析讨论并撰写实验报告。

本章共分为 3 节:GD32 入门实验、大功率 LED 灯控制实验、基于网络的 LED 单灯控制实验和综合性控制实验。目的是让读者通过这些实验熟悉和掌握开发平台的资源,对国产 32 位单片机及外围接口的基本知识及基本原理有一个全面的了解和掌握,熟悉和掌握 Keil 5 开发环境,熟悉和掌握相关传感器和智慧照明常用协议,并对智慧照明的开发流程有个初步的了解。

经过基础性实验的实践,可为后续的设计性实验、综合性实验和创新性实验打好坚实的基础。

6.1 GD32 入门实验

6.1.1 LED 流水灯实验

1. 实验目的

(1) 熟练掌握智慧照明技术开发平台的使用方法。

(2) 了解 GD32 单片机应用系统的设计方法。

(3) 掌握应用 Keil 5 的开发环境,学会编辑、编译以及下载程序的操作步骤与方法。

(4) 对延时函数、循环结构程序设计有初步了解。

2. 实验内容

利用单片机 I/O 口 8 个引脚分别控制 8 个 LED 灯,通过循环实现 LED1~LED8 流水灯点亮,间隔时间通过延时函数自定。

3. 实验步骤

(1) 启动 Keil 5 开发环境,打开"智慧照明技术开发平台配套资源\实验\1-流水灯实验"文件进行编译,配置好下载器,参见 3.1.2 节"下载器的安装与配置"。

(2) 程序通过编译和配置好下载器后,参见 3.1.3 节"Keil 5 的使用",将程序下载到 MCU 中,然后运行。

（3）电路连接。

1P 杜邦线连接：MCU PB12 <-> J7-D1；MCU PB13 <-> J7-D2；

MCU PB14 <-> J7-D3；MCU PB15 <-> J7-D4；

MCU PC0 <-> J8-D5；MCU PC1 <-> J8-D6；

MCU PC2 <-> J8-D7；MCU PC3 <-> J8-D8。

整体连接如图 6-1 所示。

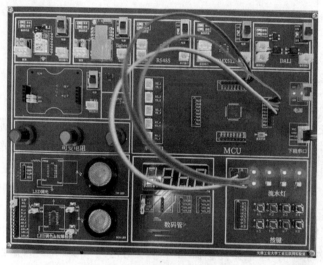

图 6-1　流水灯实验整体连接图

（4）实验现象。

下载程序，按下复位键后，LED 流水灯模块中的 LED 灯按设定时间依次从左往右逐一闪烁。

4. 思考题

通过本示例学习，完成以下实验：

（1）修改延时函数，改变 LED 灯闪烁时间。

（2）修改主函数，改变 LED 流水灯方向。

（3）修改主函数，实现花样流水灯。

6.1.2　按键实验

1. 实验目的

（1）熟练掌握智慧照明技术开发平台的使用方法。

（2）了解 GD32 单片机应用系统的设计方法。

（3）掌握应用 Keil 5 的开发环境，学会编辑、编译及下载程序的操作步骤与方法。

（4）对分支结构程序设计有初步了解。

（5）了解按键去抖动的方法。

2. 实验内容

利用单片机 I/O 口 8 个引脚分别连接 8 个 LED 灯，再利用单片机 I/O 口 8 个引脚连接 8 个按键，通过分支结构实现按键控制 LED 灯的开关状态。

3. 实验步骤

（1）启动 Keil 5 开发环境，打开"智慧照明技术开发平台配套资源\实验\2-按键实验"文件进行编译，配置好下载器，参见 3.1.2 节"下载器的安装与配置"。

（2）程序通过编译和配置好下载器后，参见 3.1.3 节"Keil 5 的使用"，将程序下载到 MCU 中，然后运行。

（3）电路连接。

1P 杜邦线连接：MCU PB12 <-> J7-D1；MCU PB13 <-> J7-D2；

MCU PB14 <-> J7-D3；MCU PB15 <-> J7-D4；

MCU PC0 <-> J8-D5；MCU PC1 <-> J8-D6；

MCU PC2 <-> J8-D7；MCU PC3 <-> J8-D8；

MCU PA1 <-> J6-K1；MCU PA4 <-> J6-K2；

MCU PA5 <-> J6-K3；MCU PA6 <-> J6-K4；

MCU PA7 <-> J6-K5；MCU PA8 <-> J6-K6；

MCU PA11 <-> J6-K7；MCU PA12 <-> J6-K8。

整体连接如图 6-2 所示。

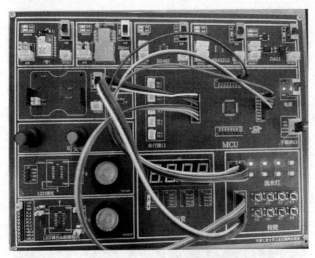

图 6-2　按键实验整体连接图

（4）实验现象。

下载程序，按下复位键后，按下 K1 可以翻转 LED1 的开关状态，即 LED1 由关变为开或 LED1 由开变为关，K2、K3、K4、K5、K6、K7、K8 控制 LED 灯同理。

4. 思考题

通过本示例学习，完成以下实验。

（1）修改主函数，改变按键具体控制的某个 LED 灯。

（2）修改主函数，实现两个按键分别控制某个 LED 灯的开或关。

6.1.3　数码管显示实验

1. 实验目的

（1）熟练掌握智慧照明技术开发平台的使用方法。

（2）了解 GD32 单片机的应用系统的设计方法。

（3）掌握应用 Keil 5 的开发环境,学会编辑、编译及下载程序的操作步骤与方法。

（4）掌握 LED 数码管的发光原理。

（5）掌握单片机驱动 LED 数码管发光的方法。

2. 实验内容

按下按键,4 个数码管动态循环显示 0～F。具体实现方法是循环改变段选和位选数据,控制数码管显示不同的数字。

3. 实验步骤

（1）启动 Keil 5 开发环境,打开"智慧照明技术开发平台配套资源\实验\3-数码管显示实验"文件进行编译,配置好下载器,参见 3.1.2 节"下载器的安装与配置"。

（2）程序通过编译和配置好下载器后,参见 3.1.3 节"Keil 5 的使用",将程序下载到 MCU 中,然后运行。

（3）电路连接。

短路帽连接：J29 VCC <-> LE,GND <-> 573-EN；

1P 杜邦线连接：MCU PA4 <-> J9-DIG1；MCU PA5 <-> J9-DIG2；

MCU PA6 <-> J9-DIG3；MCU PA7 <-> J9-DIG4；

MCU PB0 <-> J10-573-D0；MCU PB1 <-> J10-573-D1；

MCU PB2 <-> J10-573-D2；MCU PB3 <-> J10-573-D3；

MCU PB4 <-> J10-573-D4；MCU PB5 <-> J10-573-D5；

MCU PB6 <-> J10-573-D6；MCU PB7 <-> J10-573-D7；

MCU PB8 <-> J6-K1。

整体连接如图 6-3 所示。

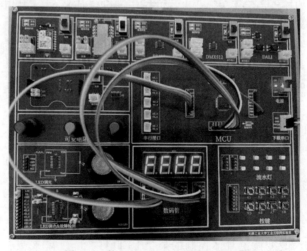

图 6-3　数码管显示实验整体连接图

（4）实验现象。

下载程序,按下复位键后,再按下 K1,4 个数码管循环显示 0～F(仅一次)。

4. 思考题

通过本示例学习,完成以下实验。

(1) 修改主函数,利用动态数码管 4 位显示某一特定的数字或字母。

(2) 修改主函数,利用动态数码管 4 位显示不同的数字或字母。

(3) 修改主函数,利用动态数码管动态显示自己的生日。

6.1.4　单片机中断实验

1. 实验目的

(1) 理解和掌握中断原理及中断的实现方法。

(2) 学会配置定时器初值和定时时间。

(3) 了解中断过程,注意中断前保护现场和中断返回现场恢复。

2. 实验内容

(1) 外部中断,单片机通过中断方式接收按键信息,通过中断控制数码管显示 0～F 的加减。

(2) 定时器中断:通过定时器中断构造 0～60 的计数器,并通过数码管显示。

3. 实验步骤

1) 外部中断实验

下降沿触发外部中断,通过中断控制数码管显示不同的数据。整个程序主要涉及按键接入中断触发引脚,按下按键触发中断,执行中断函数。

(1) 启动 Keil 5 开发环境,打开"智慧照明技术开发平台配套资源\实验\4-外部中断实验"文件进行编译,配置好下载器,参见 3.1.2 节"下载器的安装与配置"。

(2) 程序通过编译和配置好下载器后,参见 3.1.3 节"Keil 5 的使用",将外部中断程序下载到 MCU 中。

(3) 电路连接。

短路帽连接: J29 VCC <-> LE,GND <-> 573-EN;

1P 杜邦线连接: MCU PA4 <-> J9-DIG1; MCU PB0 <-> J10-573-D0;

MCU PB1 <-> J10-573-D1; MCU PB2 <-> J10-573-D2;

MCU PB3 <-> J10-573-D3; MCU PB4 <-> J10-573-D4; MCU PB5 <-> J10-573-D5;

MCU PB6 <-> J10-573-D6; MCU PB7 <-> J10-573-D7; MCU PB8 <-> J6-K1;

MCU PB9 <-> J6-K2。

整体连接如图 6-4 所示。

(4) 实验现象。

数码管随着按键加减显示 0～F 数字。每按下一次 K1,数值加 1; 每按下一次 K2,数值减 1。

2) 定时器中断

本实验实现的功能是通过定时器中断构造 0～60 的计数器,并通过数码管显示。设置定时器参数时,应注意定时器的定时周期,从而得到精确的计数器。用单片机的两个 I/O 口控制数码管位选,显示不同位的数值变化。

利用 GD32F3 单片机定时器 1 的通道 1,系统主频 120MHz。除非 APB1 的预分频系数是 1,否则通用定时器的时钟等于 APB1 时钟的 2 倍。溢出时间计算公式为

$$Tout(溢出时间) = (ARR+1) \times (PSC+1)/Tclk$$

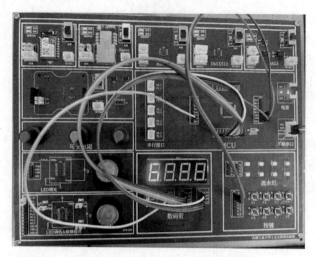

图 6-4　外部中断实验整体连接图

溢出时间由两个因素决定,一个是定时器的时钟频率,一个是自动装载值。设置 PSC 为 11999,11999＋1＝12000,120M/12000＝10K,定时器的频率是 10K,即时钟周期为 0.1ms。一个时钟周期是 0.1ms,ARR 设置为 9999,ARR＋1＝10000,10000×0.1ms＝1000ms＝1s。所以溢出时间是 1s,满足每 1s 中断一次。

(1) 启动 Keil 5 开发环境,打开"智慧照明技术开发平台配套资源\实验\4-定时器中断实验"文件进行编译,配置好下载器,参见 3.1.2 节"下载器的安装与配置"。

(2) 程序通过编译和配置好下载器后,参见 3.1.3 节"Keil 5 的使用",将外部中断程序下载到 MCU 中。

(3) 电路连接。

短路帽连接：J29 VCC <-> LE,GND <-> 573-EN;

1P 杜邦线连接：MCU PA4 <-> J9-DIG1;MCU PA5 <-> J9-DIG2;

MCU PB0 <-> J10-573-D0;MCU PB1 <-> J10-573-D1;

MCU PB2 <-> J10-573-D2;MCU PB3 <-> J10-573-D3;

MCU PB4 <-> J10-573-D4;MCU PB5 <-> J10-573-D5;

MCU PB6 <-> J10-573-D6;MCU PB7 <-> J10-573-D7;

MCU PB8 <-> J6-K1;MCU PB9 <-> J6-K2。

整体连接如图 6-5 所示。

(4) 实验现象。

按下 K1,定时器开始计时,数码管循环显示 0～60;按下 K2,数码管停止计时;若想继续计时,再次按下 K1,就接着上次的计时点计时。

4. 思考题

(1) 针对外部输入,查询法和中断法有何区别?

(2) 若把一个按键改到其他中断引脚,实现同样的任务,实验程序应该如何修改,请写出修改后的程序。

(3) 添加重新计时程序。

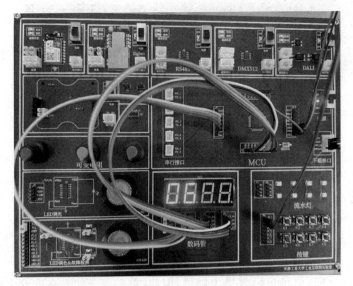

图 6-5 定时器中断实验整体连接图

6.1.5 A/D 转换实验

1. 实验目的

（1）了解 A/D 转换的概念及功能。

（2）掌握 A/D 转换的过程与配置方法，学会实现 A/D 转换功能的编程方法。

2. 实验内容

单片机 A/D 引脚采集电位器的输出电压值，利用定时器产生 PWM 信号，将采集到的电压值作为定时器通道输出脉冲值，进而控制主控制器 LED 灯的亮度或颜色。电压值越大，主控制器 LED 灯的亮度越亮。

3. 实验步骤

（1）启动 Keil 5 开发环境，打开“智慧照明技术开发平台配套资源\实验\5-ADC 转换实验”文件进行编译，配置好下载器，参见 3.1.2 节“下载器的安装与配置”。

（2）程序通过编译和配置好下载器后，参见 3.1.3 节“Keil 5 的使用”，将程序下载到 MCU 中，然后运行。

（3）电路连接。

短路帽连接：LED 调色 & 故障检测模块的 3.3V <-> VL、J14、J15、J16；

1P 杜邦线连接：J12-RJ1 <-> MCU PA1；J12-RJ2 <-> MCU PA4；

J12-RJ3 <-> MCU PA5；MCU PB1 <-> RGB LED-R；

MCU PB0 <-> RGB LED-G；MCU PA7 <-> RGB LED-B；

注意：LED 灯调色及故障检测模块共 4 个短路帽不能断开。

整体连接如图 6-6 所示。

（4）实验现象。

通过旋转 3 个电位器，RGB LED 灯的颜色和亮度发生改变。例如，顺时针旋转 R 电位器，LED 灯的 R 将变亮，逆时针旋转 R 电位器，LED 灯的 R 将变暗，G 和 B 电位器的操作也

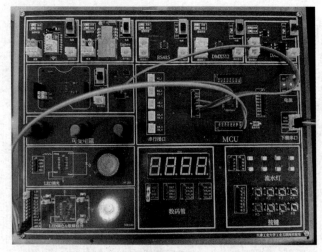

图 6-6　A/D 转换实验整体连接图

一样。由于 RGB LED 灯的显示效果为彩色,因此,单一成分的光亮度发生改变时,将呈现不同的颜色。

4. 思考题

(1) 用示波器分别观察电位器端的输入波形和输出到 LED 灯的波形,感受 A/D 转换的功能。

(2) A/D 转换器的位数与什么有关?

6.2　大功率 LED 灯控制实验

6.2.1　大功率 LED 灯单色调光实验

1. 实验目的

(1) 掌握大功率 LED 灯的工作原理。

(2) 掌握 LED 灯驱动 IC 的工作原理。

(3) 掌握 PWM 调光原理。

2. 实验内容

调光实验,主要实现按键控制单色 LED 灯的开关和亮度。

3. 实验原理

(1) 调光原理。

PWM 调光的工作原理是利用脉宽调制信号反复地开/关 LED 灯驱动器,进而调节 LED 灯的平均电流。如图 6-7 所示,设定脉冲的周期为 t_{pwm},脉冲宽度为 t_{on},则其工作比 D(或称为占空比)就是 t_{on}/t_{pwm}。改变占空比可以改变有效的平均电流,从而改变 LED 灯的亮度。

(2) 程序实现。

通过按键控制 LED 的调光数据。

```
while(1)
{    uint8_t key=KEY_Scan();
```

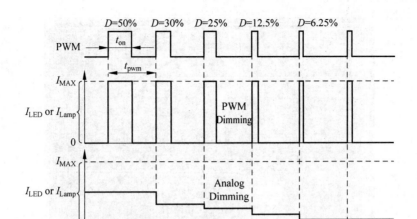

图 6-7 PWM 调光工作原理

```
switch(key)
{
    case KEY1_PRES: breathe_flag = SET; break;
    case KEY2_PRES:
        if(SET == breathe_flag)
        {
            value += 10; … ;        //调光数据加 10
        }
    break;
    case KEY3_PRES:
        if(SET == breathe_flag)
        {
            value -= 10; … ;        //调光数据减 10
        }
    break;
    case KEY4_PRES: breathe_flag = RESET; value = 0; break;
}
    timer_channel_output_pulse_value_config(TIMER2, TIMER_CH_1, value);
}
```

4. 实验步骤

(1) 启动 Keil 5 开发环境,打开"智慧照明技术开发平台配套资源\实验\7-LED 单色调光实验"进行编译,配置好下载器,参见 3.1.2 节"下载器的安装与配置"。

(2) 程序通过编译和配置好下载器后,参见 3.1.3 节"Keil 5 的使用",将程序下载到MCU 中,然后运行。

(3) 电路连接。

短路帽连接: J5 V-LW <-> VCC;

1P 杜邦线连接: MCU PC1 <-> J6-K1; MCU PC2 <-> J6-K2;

MCU PC3 <-> J6-K3; MCU PC4 <-> J6-K4;

MCU PA7 <-> J5-PWM。

整体连接如图 6-8 所示。

(4) 实验现象。

按下 K1,开始调光,初始亮度值为 0;按下 K2,LED 灯亮度增加,步进为 10,增大到

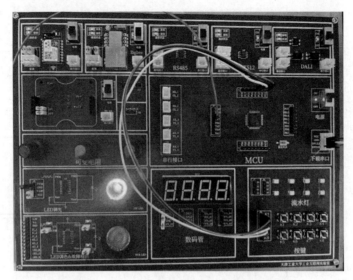

图 6-8　LED 灯单色调光实验整体连接图

240 时,K2 失效；按下 K3,LED 灯亮度减小,步进为 10,减小到 0 时,K3 失效；按下 K4,停止调光,LED 灯亮度保持不变。

说明：按下 K4 后,停止调光功能,此时 K2 和 K3 失效,只能利用 K1 再次开启调光功能。

5. 思考题

(1) 单色 PWM 调光和混色 PWM 调光有何不同？

(2) 本实验通过 PWM 技术实现了单色灯的亮度实验,如何通过 PWM 实现彩灯的颜色调节？

(3) 尝试用示波器去观测不同占空比的波形,以此来加深对 PWM 调光方法的理解。

6.2.2 大功率 LED 灯调色实验

1. 实验目的

(1) 掌握 RGB LED 灯的调色原理。

(2) 掌握 PWM 调光原理。

2. 实验内容

调色实验主要实现用按键改变 RGB LED 灯的颜色。

3. 实验原理

1) 调色原理

原色是指不能通过其他颜色的混合调配而得出的"基本色"。三原色指的是红(R)、绿(G)和蓝(B)。以不同比例将三原色混合,可以产生其他的新颜色。

调色实验是通过主控芯片 GD32F303RCT6 的定时器的三个通道产生 3 路 PWM 波,3 路 PWM 波分别控制 RGB LED 灯的红、绿、蓝光的输入。改变 PWM 波占空比即改变红、绿、蓝光的输入可以控制 RGB LED 灯显示不同的颜色。

2) 程序实现

通过按键控制 LED 的调光数据。

```
while(1)
{
    uint8_t key=KEY_Scan(0);
    switch(key)
    {
        case KEY1_PRES:
            breathe_flag = SET;valueR = 10;valueG = 10;valueB = 10;break;
        case KEY2_PRES:
            if(SET == breathe_flag)
            {
                single++;
                switch(single)
                {
                    case 1:valueR = 255;…;break;              //只显示红光
                    case 2:valueG = 255;…;break;              //只显示绿光
                    case 3:valueB = 255;…;single = 0;break;   //只显示蓝光
                }
            }
            break;
        case KEY3_PRES:
            if(SET == breathe_flag)
            {
                mingle++;
                switch(mingle)
                {
                    case 1:valueR = 255;valueG = 255;…;break;   //红绿光混合
                    case 2:valueR = 255;valueB = 255;…;break;   //红蓝光混合
        case 3:valueG = 255;valueB = 255;…;single = 0;break;    //绿蓝光混合
                }
            }
            break;
        case KEY4_PRES:breathe_flag = RESET;valueR = 0;valueG = 0;valueB = 0;break;
    }
    timer_channel_output_pulse_value_config(TIMER2,TIMER_CH_3,valueR);
    timer_channel_output_pulse_value_config(TIMER2,TIMER_CH_2,valueG);
    timer_channel_output_pulse_value_config(TIMER2,TIMER_CH_1,valueB);
}
```

4. 实验过程

（1）启动 Keil 5 开发环境，打开"智慧照明技术开发平台配套资源\实验\8-LED 调色实验"文件进行编译，配置好下载器，参见 3.1.2 节"下载器的安装与配置"。

（2）程序通过编译和配置好下载器后，参见 3.1.3 节"Keil 5 的使用"，将程序下载到 MCU 中，然后运行。

（3）电路连接。

短路帽连接：LED 调色 & 故障检测模块的 3.3V <-> VL、J14、J15、J16；

1P 杜邦线连接：MCU PC1 <-> J6-K1；MCU PC2 <-> J6-K2；

MCU PC3 <-> J6-K3；MCU PC4 <-> J6-K4；

MCU PB1 <-> RGB LED-R；MCU PB0 <-> RGB LED-G；

MCU PA7 <-> RGB LED-B。

注意：LED 灯调色及故障检测模块共 4 个短路帽不能断开。

整体连接如图 6-9 所示。

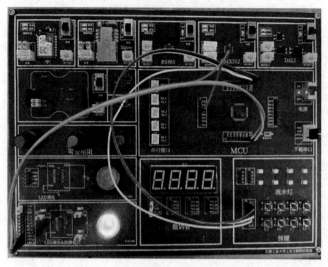

图 6-9　LED 灯调色实验整体连接图

5. 实验现象

按下 K1,点亮 RGB LED 灯,开始调色实验;按下 K2,RGB LED 灯显示单一颜色,每按一次,实现单一颜色切换,依次是 R→G→B→R;按下 K3,RGB LED 灯颜色改变,每按一次,实现两种颜色混合,即关闭一种颜色。

6. 思考题

(1) 变量(x)由 switch 语句转换成定时器 PWM 占空比设定值,这个设定值怎么通过单片机产生正确的 PWM 波形?

(2) 简述 PWM 调节 LED 灯亮度的原理。

6.2.3　基于传感器的照明控制实验

1. 实验目的

(1) 了解智慧照明常用传感器,如光敏传感器,声音传感器,人体传感器,红外测距传感器和 DHT11 温湿度传感器等。

(2) 掌握实验箱支持的传感器模块。

(3) 掌握各传感器模块的工作过程,熟悉 MCU 对传感器的控制方法。

(4) 掌握通过传感器控制灯亮度的方法。

2. 实验内容

通过传感器模块采集环境信息,从而改变灯的亮度。

3. 实验原理

1) 传感器原理及程序设计

传感器是照明系统中实现智慧照明控制的自动信息传感元件,主要包括光敏传感器、声音传感器、人体传感器、红外测距传感器和温湿度传感器几种类型。

(1) 光敏传感器。

光敏传感器的核心器件为光敏二极管,也叫光电二极管。光敏二极管与半导体二极管在结构上是类似的,其管芯是一个具有光敏特征的 PN 结,具有单向导电性,因此工作时需加上反向电压。无光照时,有很小的饱和反向漏电流,即暗电流,此时光敏二极管截止。当受到光照时,饱和反向漏电流增加,形成光电流,它随入射光强度的变化而变化。当光线照射 PN 结时,可以使 PN 结中产生电子-空穴对,使少数载流子的密度增加,此时光敏二极管导通。

(2) 声音传感器。

声音传感器的核心器件为驻极体话筒,话筒的基本结构由一片单面涂有金属的驻极体薄膜与一个上面有若干小孔的金属电极(称为背电极)构成。驻极体面与背电极相对,中间有一个极小的空气隙,形成一个以空气隙和驻极体作为绝缘介质,以背电极和驻极体上的金属层作为两个电极构成的一个平板电容器。当声波引起驻极体薄膜振动而产生位移时,改变了电容两极板之间的距离,从而引起电容的容量发生变化,由于驻极体上的电荷数始终保持恒定,根据公式 $Q=CU$,当 C 变化时必然引起电容器两端电压 U 的变化,从而输出电信号,实现声-电的变换。

(3) 人体传感器。

人体传感器具体指被动热释电红外传感器,采用无源红外技术,其原理是人体的表面温度与周围环境温度存在差别,在人体移动时人体的表面温度会引起周围的环境温度产生变化,被动热释电红外传感器通过敏感元件检测到这种变化后,产生控制信号。为了提高被动热释电红外传感器的抗干扰性和可靠性,通常将敏感元、场效应管、滤光片、放大处理电路和菲涅尔透镜在氮气环境下封装起来。主要应用于使用状况不规律和不易预期的区域,如私人办公室、储藏间、卫生间、走廊等。

(4) 红外测距传感器。

红外测距传感器具体指位置敏感探测器(position sensitive detector, PSD)是一种基于半导体 PN 结横向光电效应的光电器件,它能连续地检测入射光斑的重心位置。具有分辨率高、响应速度快、信号处理相对简单、检测位置的同时还能检测光强等优点,适用于位置、距离、位移、角度以及其他相关物理量的精密测量。

(5) 温湿度传感器。

温湿度数据采集使用 DHT11 数字温湿度传感器。DHT11 是一款温湿度一体化的数字传感器,包括一个电阻式测湿元件和一个 NTC 测温元件,并与一个高性能 8 位单片机相连接。通过单片机等 MCU 简单的电路连接就能够实时地采集本地湿度和温度。DHT11 与单片机之间能采用简单的单总线进行通信,仅仅需要一个 I/O 口。传感器内部湿度和温度数据以 40bit 的数据一次性传给单片机,数据采用校验和方式进行校验,有效地保证数据传输的准确性。

2) 程序设计

MCU 的串口接收传感器的数据,从而控制灯的亮度。

```
while(1)
{
    while(RESET != usart_flag_get(USART0, USART_FLAG_RBNE))
    {
        data0 = usart_data_receive(USART0);
        if(data0 == 0x00)
```

```
                {
                    SensorValue = 0;
                }
                else if(data0 == 0x5A)
                {
                    SensorValue = 90;
                }
                ...
            }
        timer_channel_output_pulse_value_config(TIMER2, TIMER_CH_1, SensorValue);
}
```

4. 实验过程

（1）启动 Keil 5 开发环境，打开"智慧照明技术开发平台配套资源\实验\9-主控板和小板传感器实验"文件进行编译，配置好下载器，参见 3.1.2 节"下载器的安装与配置"。

（2）程序通过编译和配置好下载器后，参见 3.1.3 节"Keil 5 的使用"，将程序下载到 MCU 中，然后运行。

（3）电路连接。

将不同的传感器模块分别插到主控制器的传感器接口进行 5 次实验。

短路帽连接：J5 V-LM <-> VCC；

1P 杜邦线连接：MCU PA7 <-> J5-PWM。

整体连接如图 6-10 所示（5 种传感器均为通用接口，接线没有区别，只需在不同实验过程中更换传感器模块即可，图 6-10 以声音传感器为例）。

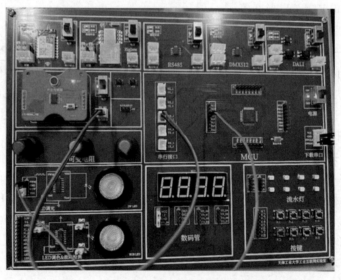

图 6-10　传感器的照明控制实验整体连接图

5. 实验现象

（1）光感控制实验：随着光线亮度变化，灯的亮度会发生变化，光线越强，灯的亮度越小，维持一个恒照度值。

（2）声感控制实验：检测到声音，灯会点亮，声音大，则 LED 灯越亮；

（3）人感控制实验：人体靠近传感器时，LED 灯点亮，但是会有 3～6s 的延时。

(4) 距离控制实验：物体距离传感器越近，LED 灯越亮。

(5) 温湿度控制实验：检测到的温湿度越大，LED 灯越亮。

6. 思考题

(1) 简述传感器在智能控制中的重要地位。

(2) 简述处理传感器感应值的方式方法。

(3) 绘出单片机应用传感器的系统框图。

6.2.4　基于电压检测的 LED 灯故障报警实验

1. 实验目的

(1) 了解 LED 灯常见的故障类型。

(2) 掌握基于电压检测的故障检测的工作原理。

2. 实验内容

编写程序，实现拔掉线路中的短路帽时，相应的 LED 灯被点亮，从而实现报警功能。

3. 实验原理

1) 原理

LED 光源采用恒流方式供电，因此，实际使用中，LED 灯的故障多表现为开路。根据开路位置，主要分为驱动前、驱动后和 LED 灯开路三种。

本实验中，在 LED 驱动电路中，增加了短路帽。拔掉短路帽，意味着该条电路开路，插入即为连通状态。所以，根据跳线帽的状态来模拟线路的故障。

在开路端设置断路点，利用 A/D 转换采集断路点的电压，与正常工作电压阈值相比较，通过多次(实验程序设置为 20 次，可更改)采集电压值判断，实现故障报警。

具体对比实现如下。

(1) 驱动前开路：此处不开路时 LED 驱动芯片供电电压为 3.3V，若经过 20 次 A/D 转换，采样所得的电压值低于 3.3V 的次数达到 10 次以上时，则判断为驱动前开路，点亮驱动前开路指示灯；

(2) 驱动后开路：此处不开路时 RGB LED 灯的正极电压为 3.3V，由于开路时开路处电压为锯齿波，低电平不好采集，故在采样判断时采用判断电平是否为正常高电平，若 20 次采样中正常电平的次数达到 10 次及以上，则判断此处未开路，否则为开路状态，点亮驱动后开路指示灯；

(3) 红灯开路：此处不开路时红灯一侧电压为 3V 伴随不规则低电平，开路时此处不规则低电平消失，故在采集时判断不规则低电平数，若存在不规则低电平则表示此处未断路，否则为开路状态，点亮红灯开路指示灯。若想进行其他颜色灯开路判断，类似此方法设置断路点进行判断即可。

2) 程序实现

```
while(1)
{
    for(i = 0; i < 20; i++)
    {
        adc_value1 = (ADC_IDATA0(ADC0) * 3.3 / 4096);
        adc_value2 = (ADC_IDATA1(ADC0) * 3.3 / 4096);
```

```
    adc_value3 = (ADC_IDATA2(ADC0) * 3.3 / 4096);
    if(adc_value1 < 2 )
        j = j + 1;
    if(adc_value2 < 2 )
        k = k + 1;
    temp_val3 += adc_value3;
}
average_value3 = temp_val3/times;
if(j >= 10)                              //点亮 LED1；
else if(k >= 10)                         //点亮 LED2；
else if(average_value3 > 2.9)            //点亮 LED3；
else                                     //LED1、LED2、LED3 全关闭
j = 0;
k = 0;
temp_val1 = 0;
temp_val2 = 0;
temp_val3 = 0;
}
```

4. 实验步骤

(1) 启动 Keil 5 开发环境,打开"智慧照明技术开发平台配套资源\实验\10-基于电压检测的 LED 故障报警实验"文件进行编译,配置好下载器,参见 3.1.2 节"下载器的安装与配置"。

(2) 程序通过编译和配置好下载器后,参见 3.1.3 节"Keil 5 的使用",将程序下载到MCU 中,然后运行。

(3) 电路连接。

短路帽连接：LED 调色 & 故障检测模块的 3.3V <-> VL、J14、J15、J16；

1P 杜邦线连接：LED_R <-> MCU PB1；LED_G <-> MCU PB0；

LED_B <-> MCU PA7；JC_1 <-> MCU PB12；

JC_2 <-> MCU PB13；JC_3 <-> MCU PB14；

AD_1 <-> MCU PA1；AD_2 <-> MCU PA4；

AD_3 <-> MCU PA5。

整体连接如图 6-11 所示。

5. 实验现象

(1) 拔掉"驱动前开路"短路帽,此时跳线帽上方的指示灯亮,同时 RGB LED 灯灭,即表示 RGB LED 灯的驱动前电路开路,发生故障。

(2) 拔掉"驱动后开路"短路帽,此时跳线帽上方的指示灯亮,同时 RGB LED 灯灭,即表示 RGB LED 灯的驱动后电路开路,发生故障。

(3) 拔掉"红灯开路"短路帽,此时跳线帽上方的指示灯亮起,同时 RGB LED 灯缺少了红光,即表示 RGB LED 灯的红色信号线短路,发生故障。

说明：故障报警具有优先级,从高到低的顺序依次是：驱动前开路、驱动后开路、红灯开路,任意时刻只能有一个报警灯亮,不能同时亮。

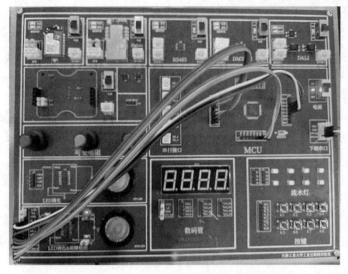

图 6-11 LED 灯故障报警实验整体连接图

6. 思考题

(1) 通过本实验学会现场故障模拟的方法,方便现场故障的测试与解除方法,为后续的硬件设计提供技术的引导。

(2) 假设同时拔掉两个短路帽,会有什么现象产生? 为什么?

6.3 基于网络的 LED 单灯控制实验

开发平台支持 DALI、DMX12、RS485、ZigBee 和 WiFi 五种通信协议,实现主控制器通过某个协议对中控制器进行控制的功能,其通信流程如图 6-12 所示。

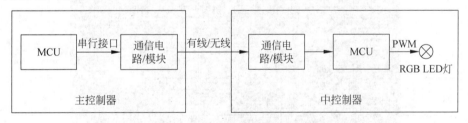

图 6-12 单灯控制实验结构框图

注意: 通信过程中涉及的地址分配问题均遵从各通信协议,若主控制器和中控制器地址不匹配会导致通信失败。

6.3.1 基于 DALI 协议的 LED 单灯控制实验

1. 实验目的

(1) 了解通过网络控制单个灯的结构和流程。

(2) 熟悉 DALI 协议的相关内容,包括帧结构、数据包长度等。

(3) 掌握基于 DALI 协议的 LED 灯控制的实现方法。

(4) 进一步熟悉各传感器的使用方法。

2. 实验内容

通过 DALI 协议，将主控制器的按键信息发送给 DALI 控制器，DALI 控制器按照接收的数据，控制 RGB LED 灯的开关、亮度和颜色。每按下一次主控制器的通信按键，发送一次数据，并且数据递加 10。

3. 实验步骤

（1）启动 Keil 5 开发环境，打开"智慧照明技术开发平台配套资源\实验\11-基于网络的 LED 单灯控制实验\DALI 通信实验主控板"进行编译，配置好下载器，参见 3.1.2 节"下载器的安装与配置"。

（2）程序通过编译和配置好下载器后，参见 3.1.3 节"Keil 5 的使用"，将程序下载到 MCU 中，然后运行。

（3）将"智慧照明技术开发平台配套资源\实验\13-中板菜单显示和功能选择\LCD1602 菜单显示和功能选择(CET6)-DALI"下载至中控制器中。

（4）电路连接。

2P 防反插杜邦线连接：MCU CN2 <=> DALI 串行接口；

DALI 中控制器 通信接口<=> DALI 主控制器 通信接口(任意一个)；

1P 杜邦线连接：MCU PB4 <-> J6-K1；MCU PB5 <-> J6-K2；

MCU PB6 <-> J6-K3；MCU PB7 <-> J6-K4。

注意：DALI 模块 15V 电源接口在主控制器传感器模块，J20 和 J21 必须用短路帽连接。

整体连接如图 6-13 所示。

图 6-13　DALI 协议的 LED 单灯控制实验整体连接图

4. 操作方法及实验现象

本实验需要对主控制器和 DALI 控制器进行初始化设置。

（1）将 DALI 控制器设置为网络通信模式。

具体操作过程如图 6-14 所示。

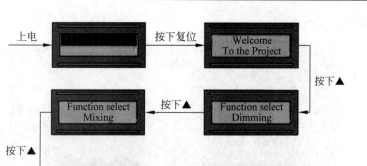

图 6-14　DALI 控制器设置为网络通信模式

（2）将 DALI 控制器设置为接收模式。

具体操作过程如图 6-15 所示。

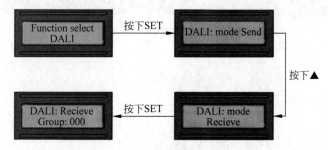

图 6-15　DALI 控制器设置为接收模式

（3）设置 DALI 控制器的地址。

本实验采取广播发送，所以组地址和短地址均设为 01，具体操作过程如图 6-16 所示。

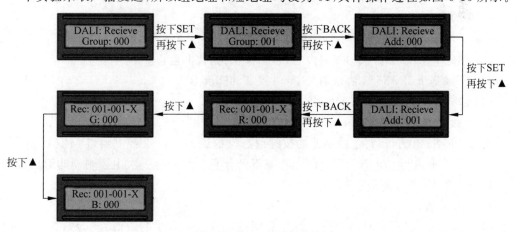

图 6-16　设置 DALI 控制器的地址

（4）主控制器的 K1、K2、K3、K4 为控制键，也是通信的发起键，同时也是灯亮度的调节键（每按一次，其数值增加 10）。每按下一次按键，发起一次通信，DALI 控制器 LED 灯的亮度和颜色也随之变化。K1 控制红光，K2 控制绿光，K3 控制蓝光，K4 关闭 LED 灯，同时 DALI 控制器的液晶屏上显示接收到的数据值。

实际接收数据如图 6-17 所示。

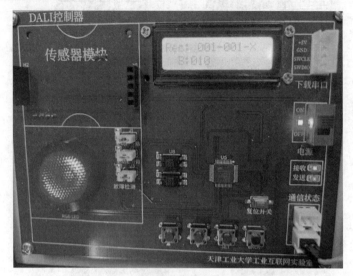

图 6-17　DALI 控制器实际接收数据

5．思考题

（1）DALI 协议如何规定帧结构的地址和数据？

（2）通过按键设置地址和调色数据，并生成相应的 DALI 传输帧，怎么在软件上实现这一功能？

（3）如何理解 DALI 协议给定的系统框图？

（4）利用传感器采集的信息作为触发条件，试编写相关程序。

6.3.2　基于 DMX512 协议的 LED 单灯控制实验

1．实验目的

（1）了解通过网络控制单个灯的结构和流程。

（2）熟悉 DMX512 协议的相关内容，包括帧结构、数据包长度等。

（3）掌握基于 DMX512 协议的 LED 灯控制的实现方法。

（4）进一步熟悉各传感器的使用方法。

2．实验内容

通过 DMX512 协议，将主控制器的按键信息发送给 DMX512 控制器，DMX512 控制器按照接收的数据，控制 RGB LED 灯开关、亮度和颜色。每按下一次主控制器的通信按键，就发送一次数据，并且数据递加 10。

3．实验步骤

（1）启动 Keil 5 开发环境，打开"智慧照明技术开发平台配套资源\实验\11-基于网络的 LED 单灯控制实验\DMX512 通信实验主控板"进行编译，配置好下载器，参见 3.1.2 节"下载器的安装与配置"。

（2）程序通过编译和配置好下载器后，参见 3.1.3 节"Keil 5 的使用"，将程序下载到 MCU 中，然后运行。

（3）将"智慧照明技术开发平台配套资源\实验\13-中板菜单显示和功能选择\

LCD1602 菜单显示和功能选择(CET6)-DMX512"下载至中控制器中。

（4）电路连接。

3P 防反插杜邦线：DMX512 主控制器通信接口<≡>DMX512 中控制器通信接口(任意一个)；

2P 防反插杜邦线：MCU CN2 <=> DMX512 控制器 串行接口(任意一个)；

1P 杜邦线连接：MCU PB4 <-> J6-K1；MCU PB5 <-> J6-K2；

MCU PB6 <-> J6-K3；MCU PB7 <-> J6-K4；

MCU PB2 <-> J22(任意一个)。

整体连接如图 6-18 所示。

图 6-18 DMX512 协议的 LED 单灯控制实验整体连接图

4. 操作方法及实验现象

本实验需要对主控制器和 DMX512 控制器进行初始化设置。

（1）将 DMX512 控制器设置为网络通信模式。

具体操作过程如图 6-19 所示。

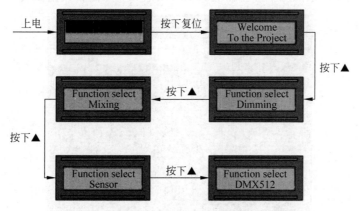

图 6-19 DMX512 控制器设置为网络通信模式

（2）将 DMX512 控制器设置为接收模式。

具体操作过程如图 6-20 所示。

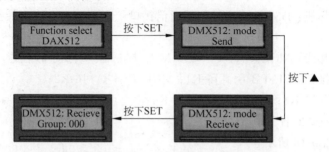

图 6-20　DMX512 控制器设置为接收模式

（3）设置 DMX512 控制器的地址。

具体操作过程如图 6-21 所示。

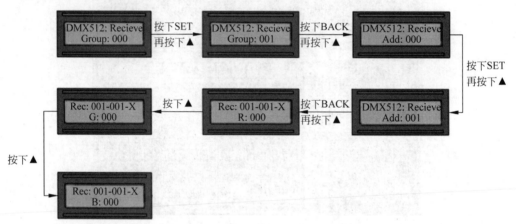

图 6-21　设置 DMX512 控制器的地址

（4）主控制器的 K1、K2、K3、K4 为控制键，也是通信的发起键，同时也是灯亮度的调节键（每按一次，其数值增加 10）。每按下一次按键，发起一次通信，DMX512 控制器灯 LED 的亮度和颜色也随之变化。K1 控制红光，K2 控制绿光，K3 控制蓝光，K4 关闭 LED 灯，同时 DMX512 控制器的液晶屏上显示接收到的数据值。实际接收数据如图 6-22 所示。

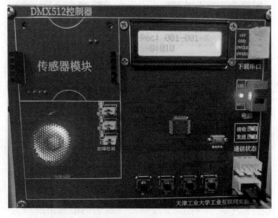

图 6-22　DMX512 控制器实际接收数据

5．思考题

（1）DMX512 协议如何规定帧结构的地址和数据？

（2）通过按键设置地址和调色数据，并生成相应的 DMX512 传输帧，怎么在软件上实现这一功能？

（3）进一步理解 DMX512 协议给定的系统框图。

6.3.3 基于 RS485 的 LED 单灯控制实验

1．实验目的

（1）了解通过网络对 LED 单灯进行控制的结构和流程。

（2）熟悉 RS485 协议的相关内容，包括帧结构、数据包等。

（3）掌握由 RS485 协议控制 LED 灯的方法。

（4）学会使用通过网络控制智能灯的多种方法。

2．实验内容

通过自定义的 RS485 协议，将主控制器的按键信息发送给 RS485 控制器，RS485 控制器按照接收的数据，控制 RGB LED 灯的开关、亮度和颜色。每按下一次主控制器的通信按键，就发送一次数据，并且数据递加 10。

3．实验步骤

（1）启动 Keil 5 开发环境，打开"智慧照明技术开发平台配套资源\实验\11-基于网络的 LED 单灯控制实验\RS485 通信实验"进行编译，配置好下载器，参见 3.1.2 节"下载器的安装与配置"。

（2）程序通过编译和配置好下载器后，参见 3.1.3 节"Keil 5 的使用"，将程序下载到 MCU 中，然后运行。

（3）将"智慧照明技术开发平台配套资源\实验\13-中板菜单显示和功能选择\LCD1602 菜单显示和功能选择（CET6)-RS485"下载至中控制器中。

（4）电路连接。

2P 防反插杜邦线：MCU CN2 <=> RS485 串行接口；

RS485 中控制器 通信接口<=> RS485 主控制器 通信接口（任意一个）；

1P 杜邦线连接：MCU PB4 <-> J6-K1；MCU PB5 <-> J6-K2；

MCU PB6 <-> J6-K3；MCU PB7 <-> J6-K4；

MCU PB2 <-> J19（任意一个）。

整体连接如图 6-23 所示。

4．操作方法和现象

本实验需要对主控制器和 RS485 控制器进行初始化设置，需要做系列的准备工作，初始化方法和准备工作。

（1）将 RS485 控制器设置为网络通信模式。

具体操作过程如图 6-24 所示。

（2）将 RS485 控制器设置为接收模式。

具体操作过程如图 6-25 所示。

图 6-23　RS485 的 LED 单灯控制实验整体连接图

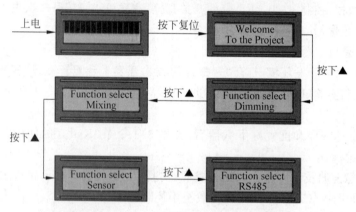

图 6-24　RS485 控制器设置为网络通信模式

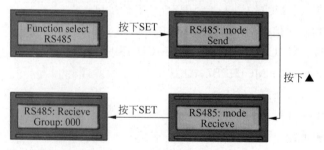

图 6-25　RS485 控制器设置为接收模式

（3）设置 RS485 控制器的地址。

具体操作过程如图 6-26 所示。

（4）主控制器的 K1、K2、K3、K4 为控制键，也是通信的发起键，同时也是灯亮度的调节键（每按一次，其数值增加 10）。每按下一次按键，发起一次通信，RS485 控制器的 LED 灯的亮度和颜色也随之变化。K1 控制红光，K2 控制绿光，K3 控制蓝光，K4 关闭 LED 灯，同

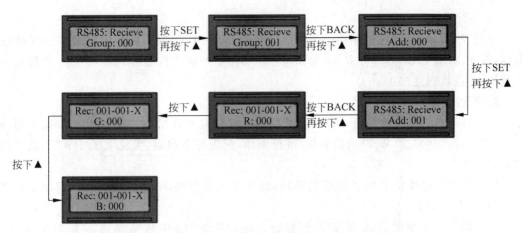

图 6-26 设置 RS485 控制器的地址

时 RS485 控制器的液晶屏上显示接收到的数据值。实际接收数据如图 6-27 所示。

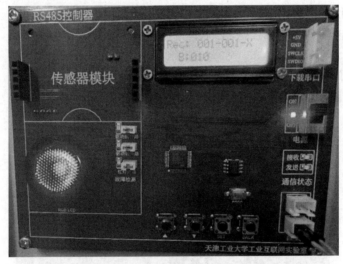

图 6-27 RS485 控制器实际接收数据

5. 思考题

（1）RS485 协议如何规定帧结构的地址和数据？

（2）通过按键设置地址和调色数据，并生成相应的 RS485 传输帧，如何在软件上实现这一功能？

（3）进一步理解 RS485 协议给定的系统框图。

6.3.4 基于 WiFi 协议的 LED 单灯控制实验

1. 实验目的

（1）熟悉 WiFi 的特点、协议规范的相关内容，包括帧结构等。

（2）熟练使用 WiFi 配置软件。

（3）掌握由 WiFi 协议控制终端 LED 灯的实现方法。

2. 实验内容

通过 WiFi 协议,将主控制器的按键信息发送给 WiFi 控制器,WiFi 控制器按照接收的数据,控制 RGB LED 灯的开关、亮度和颜色。每按下一次主控制器的通信按键,就发送一次数据,并且数据递加 10。

3. 实验步骤

(1)启动 Keil 5 开发环境,打开"智慧照明技术开发平台配套资源\实验\11-基于网络的 LED 单灯控制实验\WiFi 通信实验"进行编译,配置好下载器,参见 3.1.2 节"下载器的安装与配置"。

(2)程序通过编译和配置好下载器后,参见 3.1.3 节"Keil 5 的使用",将程序下载到MCU 中,然后运行。

(3)将"智慧照明技术开发平台配套资源\实验\13-中板菜单显示和功能选择\LCD1602 菜单显示和功能选择(CET6)-WiFi"下载至中控制器中。

(4)电路连接。

2P 防反插杜邦线:MCU CN2 <=> WiFi 串行接口;

1P 杜邦线连接:MCU PB4 <-> J6-K1;MCU PB5 <-> J6-K2;

MCU PB6 <-> J6-K3;MCU PB7 <-> J6-K4。

注:正常通信时,WiFi 配置接口的 RX 和 TX 分别用短路帽连接。

整体连接如图 6-28 所示。

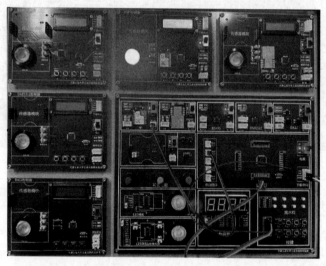

图 6-28 WiFi 协议的 LED 单灯控制实验整体连接图

4. 操作方法及实验现象

本实验需要对主控制器和 WiFi 控制器进行初始化设置和准备工作。

(1)配置 WiFi 模块的工作模式。

请参见《WiFi 模块配置方法》,将 WiFi 控制器的 WiFi 模块配置为 AP,主控制器的WiFi 模块配置为 STA。

(2)将 WiFi 控制器设置为网络通信模式。

具体操作过程如图 6-29 所示。

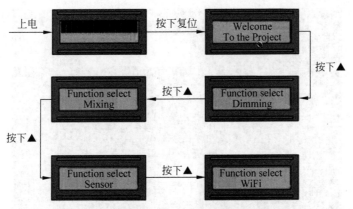

图 6-29 WiFi 控制器设置为网络通信模式

（3）将 WiFi 控制器设置为接收模式。

具体操作过程如图 6-30 所示。

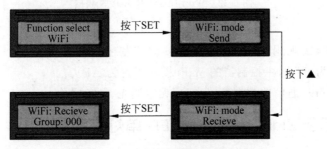

图 6-30 WiFi 控制器设置为接收模式

（4）设置 WiFi 控制器的地址。

具体操作过程如图 6-31 所示。

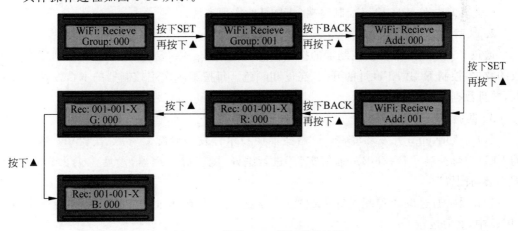

图 6-31 设置 WiFi 控制器的地址

（5）主控制器的 K1、K2、K3、K4 为控制键，也是通信的发起键，同时也是灯亮度的调节键（每按一次，其数值增加 10）。每按下一次按键，发起一次通信，WiFi 控制器 LED 灯的亮度和颜色也随之变化。K1 控制红光，K2 控制绿光，K3 控制蓝光，K4 关闭 LED 灯，同时 WiFi 控制器的液晶屏上显示接收到的数据值。实际接收数据如图 6-32 所示。

图 6-32　WiFi 控制器实际接收数据

5. 思考题

（1）编写程序，实现用 WiFi 控制器的按键控制主控制器的 RGB LED 灯（提示：将 WiFi 控制器配置为 STA，主控制器的 WiFi 模块配置为 AP）。

（2）自定义 WiFi 通信的数据格式，实现无线调光、调色操作。

6.3.5　基于 ZigBee 网络的 LED 单灯控制实验

1. 实验目的

（1）熟悉 ZigBee 的特点，协议规范的相关内容，包括帧结构等。

（2）熟练使用 ZigBee 配置软件。

（3）掌握由 ZigBee 协议控制终端 LED 灯的实现方法。

2. 实验内容

通过 ZigBee 协议，将主控制器的按键信息发送给 ZigBee 控制器，ZigBee 控制器按照接收的数据，控制 RGB LED 灯的开关、亮度和颜色。每按下一次主控制器的 K1，发送一次数据，并且数据递加 10。

3. 实验步骤

（1）启动 Keil 5 开发环境，打开"智慧照明技术开发平台配套资源\实验\11-基于网络的 LED 单灯控制实验\ZigBee 通信实验"进行编译，配置好下载器，参见 3.1.2 节"下载器的安装与配置"。

（2）程序通过编译和配置好下载器后，参见 3.1.3 节"Keil 5 的使用"，将程序下载到 MCU 中，然后运行。

（3）将"智慧照明技术开发平台配套资源\实验\13-中板菜单显示和功能选择\LCD1602 菜单显示和功能选择（CET6）-ZigBee"下载至中控制器中。

（4）电路连接。

2P 防反插杜邦线：MCU CN2 <=> ZigBee 串行接口；

1P 杜邦线连接：MCU PB4 <-> J6-K1；MCU PB5 <-> J6-K2；

MCU PB6 <-> J6-K3；MCU PB7 <-> J6-K4。

注意：正常通信时，ZigBee 配置接口的 RX 和 TX 分别用短路帽连接。

整体连接如图 6-33 所示。

图 6-33 ZigBee 网络的 LED 单灯控制实验整体连接图

4. 操作方法及实验现象

本实验需要对主控制器和 ZigBee 控制器进行初始化设置和准备工作。

（1）配置 ZigBee 模块的工作模式。

将主控制器的 ZigBee 模块配置为 Coordinator，ZigBee 控制器的 ZigBee 模块配置为 Router。实验程序初始设定主从 ZigBee 模块的 PAN ID 均为 12 34。

（2）将 ZigBee 控制器设置为网络通信模式。

具体操作过程如图 6-34 所示。

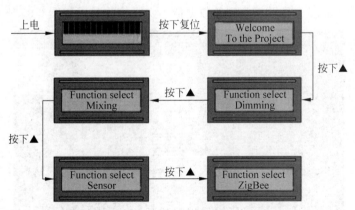

图 6-34 ZigBee 控制器设置为网络通信模式

（3）将 ZigBee 控制器设置为接收模式。

具体操作过程如图 6-35 所示。

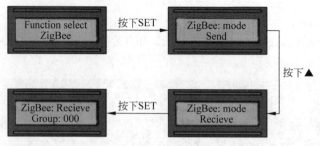

图 6-35 ZigBee 控制器设置为接收模式

（4）设置 ZigBee 控制器的地址。

具体操作过程如图 6-36 所示。

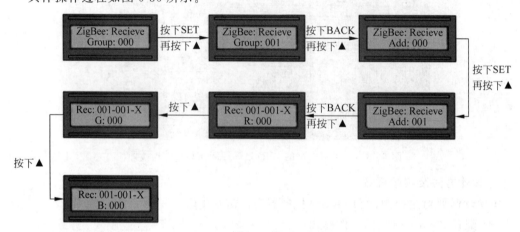

图 6-36 设置 ZigBee 控制器的地址

（5）主控制器的 K1、K2、K3、K4 为控制键,也是通信的发起键,同时也是灯亮度的调节键（每按一次,其数值增加 10）。每按下一次按键,发起一次通信,ZigBee 控制器 LED 灯的亮度和颜色也随之变化。K1 控制红光,K2 控制绿光,K3 控制蓝光,K4 关闭 LED 灯,同时 ZigBee 控制器的液晶屏上显示接收到的数据值。实际接收数据如图 6-37 所示。

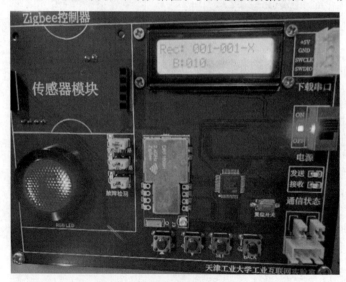

图 6-37 ZigBee 控制器实际接收的数据及实验现象

5．思考题

（1）编写程序，实现 ZigBee 控制器的按键控制主控制器的 RGB LED 灯（提示：将 ZigBee 控制器 ZigBee 模块配置为 Coordinator，主控制器的 ZigBee 模块配置为 Router）。

（2）自定义 ZigBee 通信的数据格式，实现无线调光、调色操作。

6.4　综合性实验

6.4.1　本地多网络融合实验

1．实验目的

（1）熟悉通过智能照明技术开发平台实现不同种网络的通信方法。

（2）掌握不同种网络相互通信的网络搭建方法。

（3）了解物联网的 4 层结构，并通过实验体会 4 层结构在应用过程的角色与实现方法。

（4）熟悉协议转换与网关的概念。

2．实验内容

实现主控制器对 RS485、WiFi、ZigBee 这 3 个中控制器的单独控制和群组控制，通过多个中控制器上的 RGB LED 灯显示控制效果。

3．实验步骤

（1）启动 KEIL 5 开发环境，打开"智能照明技术开发平台配套资源\实验\14-多网络融合实验"进行编译，配置好下载器，参见 3.1.2 节"下载器的安装与配置"。

（2）程序通过编译和配置好下载器后，参见 3.1.3 节"KEIL 5 的使用"，将程序下载到主控制器 MCU 中，然后运行。

（3）将"智能照明技术开发平台配套资源\实验\13-中板菜单显示和功能选择\LCD1602 菜单显示和功能选择（CET6）-ZigBee"下载至 ZigBee 中控制器。

将"智能照明技术开发平台配套资源\实验\13-中板菜单显示和功能选择\LCD1602 菜单显示和功能选择（CET6）-WIFI"下载至 WiFi 中控制器。

将"智能照明技术开发平台配套资源\实验\13-中板菜单显示和功能选择\LCD1602 菜单显示和功能选择（CET6）-RS485"下载至 RS485 中控制器。

（4）电路连接。

2P 防反插杜邦线连接：MCU CN1 <=> WIFI 串行接口；MCU CN2 <=> RS485 串行接口；MCU CN3 <=> ZigBee 串行接口；RS485 中控制器 通信接口<=> RS485 主控制器通信接口（任意一个）。

1P 杜邦线连接：MCU PB4 <-> J6-K1；MCU PB5 <-> J6-K2；MCU PB6 <-> J6-K3；MCU PB7 <-> J6-K4；MCU PB2 <-> J19（任意一个）。

注：正常通信时，ZigBee 配置接口和 WiFi 配置接口的 RX 和 TX 分别用短路帽连接。

整体连接如图 6-38 所示。

4．操作方法及实验现象

本实验需要对主控制器、RS485 控制器、WiFi 控制器和 ZigBee 控制器进行初始化设置，需要做系列的准备工作，其初始化方法如前面相关章节的介绍。

主控制器的 K1、K2、K3、K4 为控制键，也是通信的发起键，同时也是灯亮度的调节键

图 6-38　本地多网络融合实验整体连接图

（每按一次，其数值增加 10）。每按下一次按键，发起一次通信，RS485 控制器、WiFi 控制器和 ZigBee 控制器的 LED 灯亮度和颜色也随之变化。K1 控制红光，K2 控制绿光，K3 控制蓝光，K4 关闭 LED 灯，同时 RS485 控制器、WiFi 控制器和 ZigBee 控制器的液晶屏上显示接收到的数据值。实际接收的数据及实验现象如图 6-39 所示。

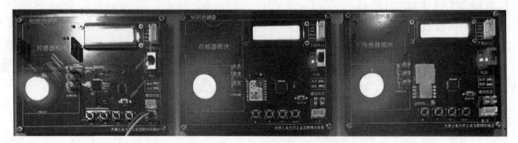

图 6-39　实际接收的数据及实验现象

5. 思考题

（1）通过本次实验理解照明控制网络的 3 层结构，进一步理解物联网的架构。

（2）读懂例程，可以根据例程，自行开发例程中没有体现的内容。

（3）利用传感器采集的信息作为触发条件，试编写相关程序。

6.4.2　云平台控制实验

1. 实验目的

（1）熟悉智慧照明云平台实现不同实验箱的灯光控制方法。

（2）掌握实验箱里 RS485、WiFi、ZigBee、DMX512、DALI 模块的每一个灯的调光调色原理。

（3）了解与 Web 相关的前端语言及后端框架。

（4）熟悉前后端交互、数据传输的方法。

2. 实验内容

实现云平台对实验箱的单独控制和群组控制，通过多个中控制器上的 RGB LED 灯显示控制效果。比如实现单控功能，即对每个实验箱里 RS485、WiFi、ZigBee、DMX512、DALI 模块的每一个灯的调光调色功能。

3. 实验步骤

1）实验箱操作方法

（1）启动 Keil 5 开发环境，打开"智慧照明技术开发平台配套资源\实验\16-云平台和树莓派控制实验"进行编译，配置好下载器，参见 3.1.2 节"下载器的安装与配置"。

（2）程序通过编译和配置好下载器后，参见 3.1.3 节"Keil 5 的使用"，将程序下载到主控制器 MCU 中，然后运行。

（3）将"智慧照明技术开发平台配套资源\实验\13-中板菜单显示和功能选择\LCD1602 菜单显示和功能选择（CET6）-DALI"下载至 DALI 中控制器。

将"智慧照明技术开发平台配套资源\实验\13-中板菜单显示和功能选择\LCD1602 菜单显示和功能选择（CET6）-DMX512"下载至 DMX512 中控制器。

将"智慧照明技术开发平台配套资源\实验\13-中板菜单显示和功能选择\LCD1602 菜单显示和功能选择（CET6）-ZigBee"下载至 ZigBee 中控制器。

将"智慧照明技术开发平台配套资源\实验\13-中板菜单显示和功能选择\LCD1602 菜单显示和功能选择（CET6）-WiFi"下载至 WiFi 中控制器。

将"智慧照明技术开发平台配套资源\实验\13-中板菜单显示和功能选择\LCD1602 菜单显示和功能选择（CET6）-RS485"下载至 RS485 中控制器。

（4）电路连接。

步骤一：主控制器连线。

在实验箱的主控制器上可以看到有 5 个中控制器，分别为 WiFi，ZigBee，RS485，DMX512 及 DALI。5 个中控制器和 MCU 之间通过串行接口相互连接。WiFi 控制器上的串行接口和 MCU 串行接口的 CN1 相连，RS485 控制器上的串行接口和 MCU 串行接口的 CN2 相连，DMX512 控制器上的串行接口和 MCU 串行接口的 CN3 相连，ZigBee 控制器上的串行接口和 MCU 串行接口的 CN4 相连，DALI 控制器上的串行接口和 MCU 串行接口的 CN5 相连。J19 通过线与 MCU 的 PA1 相连，J22 通过线与 MCU 上 J2 的 PB2 相连，如图 6-40 所示。

步骤二：主控制器与中控制器连线。

主控制器的 WiFi 模块和中控制器的 WiFi 模块是无线通信方式，不需要额外连线。

主控制器的 ZigBee 模块和中控制器的 ZigBee 模块是无线通信方式，不需要额外连线。

主控制器的 RS485 模块和中控制器的 RS485 模块是有线通信方式。主控制器上的 RS485 通信接口和中控制器上的 RS485 通信接口通过杜邦线相连。

主控制器的 DMX512 模块和中控制器的 DMX512 模块是有线通信方式。主控制器上的 DMX512 通信接口通过三根杜邦线和中控制器上的 DMX512 通信接口相连。

主控制器的 DALI 模块和中控制器的 DALI 模块是有线通信方式。主控制器上的

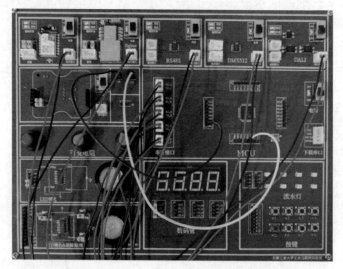

图 6-40　云平台主控制器连线

DALI 通信接口和中控制器的 DALI 通信接口通过杜邦线相连。

整体连接如图 6-41 所示。

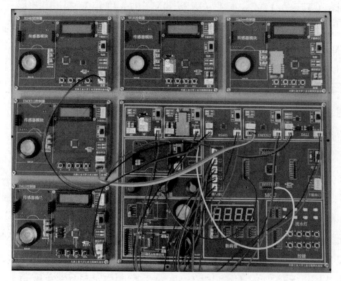

图 6-41　云平台控制整体连线

2）综合控制器操作

（1）首先打开控制器,即将综合控制器通上电,按下电源开关后,电源开关的红灯转为蓝灯,代表树莓派开机成功。

（2）综合控制器通电后,运行综合控制功能的程序,综合控制器的程序已设置为开机自动运行。

3）云平台操作

（1）启动云平台。

第一步：将下载好的程序解压运行(下载方法详见 5.4.1 节),如图 6-42 所示。

第二步：在确保智能网关已经启动的情况下,双击 App.exe,打开如图 6-43 所示界面,则

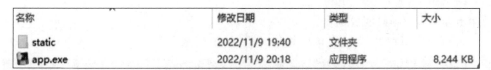

图 6-42　解压

视为后端运行成功；如果出现"对方计算机拒绝请求"，检查树莓派（智能网关）是否运行成功。

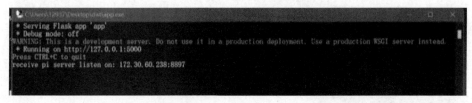

图 6-43　树莓派运行

　　第三步：在浏览器输入网址 http://127.0.0.1:5000/jiemian.html 后打开云平台界面，如图 6-44 所示。

图 6-44　登录

　　第四步：输入用户名"admin"，密码"123456"，登录成功，进入首页，如图 6-45 所示。

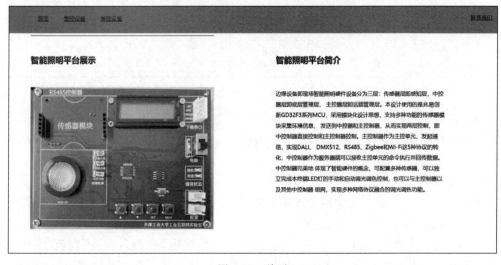

图 6-45　首页

第五步：进行单灯实验操作

在首页单击单控设备，进入单控界面，如图 6-46 所示。

图 6-46 单控界面

界面里有 25 台实验箱的控制按钮，每台实验箱对应 5 个模块，如图 6-47 所示。

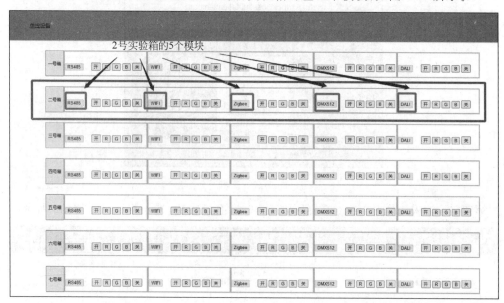

图 6-47 单控模块

每个模块分别有"开""红灯""绿灯""蓝灯""关"5 项调光调色功能，如图 6-48 所示。单击要控制的灯的相应功能按钮，即可实现远程的单灯控制。5.4.2 节有详细的 Web 端操作方法。

4. 实验现象

通过点选 Web 界面上的集控设备和单控设备选项可以控制一个或者多个实验箱上不同的中控制器上的灯显示不同颜色的光。

例如，想让 25 号实验箱上 RS485 的红灯亮，需要点选单控设备按钮，找到 25 号实验箱，找到 RS485 的 R 按钮，按下按钮，可以观察到 25 号实验箱的红灯亮，如图 6-49 所示。

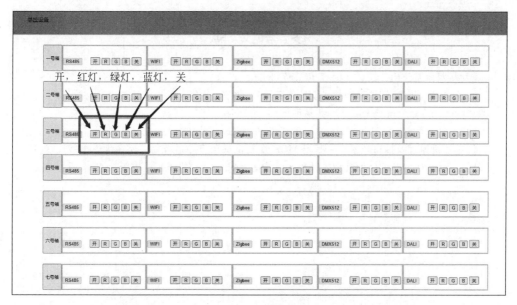

图 6-48 单控功能

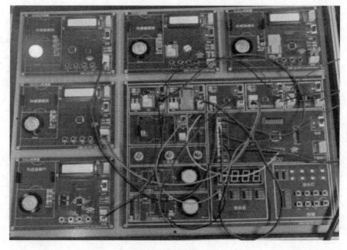

图 6-49 单灯亮

注意：如果 Web 网页关闭的话，若再次控制实验箱，需要重新启动综合控制系统（树莓派），长按电源按钮，直到电源按钮变成红灯后，再按电源按钮使其变成蓝灯，即重启成功。

5. 思考题

（1）通过本次实验理解照明控制云平台的整体实验流程并熟练操作。

（2）读懂例程，并自行开发例程中没有体现的内容。

（3）利用单灯控制作为例程，试编写相关程序。

参 考 文 献

[1] 工业互联网体系架构-(版本 2.0)-百度文库(baidu.com)
[2] 王敏,王宁,王巍,等.智能照明技术实践教程[M].北京:清华大学出版社,2017.
[3] GD32F303CET6-Arm Cortex-M4-兆易创新 GigaDevice丨官方网站
[4] GD32F303RET6-Arm Cortex-M4-兆易创新 GigaDevice丨官方网站
[5] 王敏.单片机原理及接口技术——基于 MCS-51 与汇编语言[M].北京:清华大学出版社,2013.
[6] 董晓,任保宏.GD32MCU 原理及固件库开发指南[M].北京:机械工业出版社,2023.